FORSCHUNGSBERICHTE DES LANDES NORDRHEIN-WESTFALEN

Nr. 1411

Herausgegeben
im Auftrage des Ministerpräsidenten Dr. Franz Meyers
von Staatssekretär Professor Dr. h. c. Dr. E. h. Leo Brandt

Dr. rer. nat. Eberhard F. Wagner

Wäschereiforschung Krefeld e. V.

Beeinflussung der Anschmutzbarkeit und
Waschbarkeit von Textilien aus Naturfasern,
Synthesefasern sowie Mischungen
durch Spezialausrüstungen (antisoiling-Problem)

WESTDEUTSCHER VERLAG · KÖLN UND OPLADEN 1964

ISBN 978-3-663-06191-5 ISBN 978-3-663-07104-4 (eBook)
DOI 10.1007/978-3-663-07104-4

Verlags-Nr. 011411

© 1964 by Westdeutscher Verlag, Köln und Opladen

Gesamtherstellung: Westdeutscher Verlag

Inhalt

I. Einleitung 7

II. Stand der Literatur 8
    1. Schmutz 8
    2. Mechanismen der Anschmutzung 11
    3. Schmutzabweisende Ausrüstungen 13

III. Versuchsanordnung 18
    1. Art der Wäschestoffe 18
    2. Ausrüstungsverfahren 18
    3. Anschmutzverfahren 20
    4. Waschverfahren 22
    5. Methoden der Auswertung 23

IV. Experimentelle Ergebnisse 25
Einfluß der Ausrüstung auf die:

    1. Aerosol-Anschmutzung (Pigmentschmutz) 25
    2. Kontakt-Anschmutzung (Pigment/Fett-Schmutz) 26
    3. Auswaschbarkeit der Aerosol-Anschmutzung 28
    4. Auswaschbarkeit der Kontakt-Anschmutzung 29
    5. Vergrauung während des Waschens (Redeposition – Rückvergrauung) 31
    6. Auswaschbarkeit von Pigment/Wasser-Flecken 32
    7. Auswaschbarkeit von natürlichen, fleckbildenden Substanzen 33

V. Zusammenfassung 36

VI. Literaturverzeichnis 39

I. Einleitung

Schmutzabweisende Ausrüstungen werden seit mehreren Jahren auf dem Teppichsektor und im Bereich der Dekorationsstoffe angewendet. Der vorliegende Bericht hat derartige »finishes« zum Gegenstand seiner Arbeitsaufgabe genommen, um zu sehen, inwieweit die auf dem Markt befindlichen Ausrüstungsmittel den Wäschestoffen eine schmutzabweisende Wirkung verleihen können. Zunächst waren die in der Praxis auftretenden Verschmutzungsarten weitgehend nachzuahmen und dann an Hand dieser Verfahren die Ausrüstungsmittel auf ihren Einfluß auf Schmutzaufnahme und -entfernung zu überprüfen.

II. Stand der Literatur

1. Schmutz

Das Problem der »schmutzabweisenden« Ausrüstung umfaßt nicht nur allein die technologische Seite der Ausrüstung in Form ihrer Darstellung oder ihrer Handhabe, sondern muß sich auch mit nicht wenigen Variablen der Anschmutzfunktion befassen. Zunächst muß bekannt sein, welche Zusammensetzung der abzuweisende Schmutz hat.

Der Schmutz ist nicht ein einheitlicher Stoff, sondern stellt eine Mischung von verschiedenartigen Körpern dar, entsprechend der Änderung der Faktoren der Umwelt, dem individuellen Gebrauch und der Gewebeart. Trotz einer fast unbegrenzten Zahl von Variablen kann die komplexe Mischung des Schmutzes in zwei Hauptkategorien eingeteilt werden:

1. Flüssige Komponente (Fett und/oder Öl)
2. Feste Komponente (Pigmentteilchen)

Die flüssige oder ölhaltige Komponente wird größtenteils als Kontaktschmutz an die Faseroberfläche gebracht. Eine Analyse der im Hausgebrauch angeschmutzten Wäschestücke (Baumwollhemden, Leinenkragen, Handtücher, Wollsocken u. a.) ergab einen Restfettgehalt (bezogen auf das Gewebegewicht) von 0,25% für Hemden, bis 1,2% an Kragen [7, 20]. Eine zusammenfassende Arbeit über die Zusammensetzung und das Verhalten von Wäscheschmutz hat OLDENROTH [46] veröffentlich, deren Schwerpunkt auf Verschmutzungen durch Hautfett lag. Danach ist der Restfettgehalt weitgehend abhängig von Faserart und Gewebekonstruktion und letztlich vom Waschverfahren.

In Tab. 1 ist die durchschnittliche Zusammensetzung der öligen Bestandteile des Wäscheschmutzes nach einer Arbeit von BROWN zusammengestellt.

Tab. 1 Durchschnittliche Zusammensetzung des öligen Bestandteils der im Hausgebrauch angeschmutzten Artikel [7]

Chemische Natur	Angenäherter Gehalt [%]
Freie Fettsäuren (C_{18}, JZ = 46)	32
Triglyzeride der höheren Fettsäuren (C_{18}, JZ = 46)	29
Fettalkohole und Cholesterin (MG = 275, JZ = 63)	15
Kurzkettige Fettsäuren (Butter-, Kapron-, Kapryl- usw.)	3
Gesättigte und ungesättigte Kohlenwasserstoffe (C 20, JZ = 50)	21

JZ = Jodzahl
MG = Molekulargewicht

Von K. H. BEY [6] wurde menschliches Hautfett aus getragener Wäsche von je vier männlichen und weiblichen Personen spektrographisch und gaschromatographisch untersucht. Danach setzt sich das Hautfett aus 0,5–2,8% wasserlöslichen Bestandteilen, aus 1,9–5,3% Petrolätherunlöslichem (Cholesterin und Phospholipoide), aus 68,7–89,3% Petrolätherlöslichem und 8,8–25,7% freien Fettsäuren zusammen.
Der in Petroläther lösliche Anteil umfaßt 1,5–4,8% Kohlenwasserstoffe, 8,1–10,2% Squalen, 15,0–20,8% Wachs- und Cholesterinester, 6,3–15,3% Mono- und Diglyceride und 31,7–37,6% Triglyceride.
Diese Untersuchungsergebnisse, die bei jeder Versuchsperson praktisch 100% Summe der Bestandteile ergaben, zeigen, welche hohen Anteile die ungesättigten Kohlenwasserstoffe (Squalen) in dem Hautfett haben, die neben den ungesättigten Fettsäuren unter »Firnisbildung« weitgehend oxidativ verändert werden können.

Daneben enthält auch der Aerosol-Schmutz (nach LINDNER [40] für den in der Luft suspendierten Schmutz) einen öligen Anteil bis zu 22% [27]. Eine Analyse des gewöhnlichen Straßenschmutzes ergab einen ätherlöslichen Anteil von 5% bis fast 13% [51], während angesaugter Staub bis zu 7,5% extrahierbare Stoffe enthält [61].
Von SANDERS und LAMBERT [51] wurden sechs größere nordamerikanische Städte auf ihren Stadtstaub untersucht und einem synthetischen Schmutz vergleichend gegenübergestellt. Das Resultat zeigte auffallend, daß die geographisch weit getrennt sich befindlichen Orte in der Zusammensetzung ihres Staubes nicht stark voneinander abweichen. So setzt sich der Schmutz aus 11–16% Wasserlöslichem, 5–13% Ätherlöslichem zusammen und weist etwa 24–29% Kohlenstoff (gesamt) (nicht Ruß!), 50–58% Asche, 21–26% SiO_2 (gesamt), 9–11% Fe_2O_3 (gesamt), 6–8% CaO (gesamt), 1,6–2% MgO (gesamt), 0,3–0,7% wasserlösliches CaO, 0,1–0,2% wasserlösliches MgO und 0,5–0,8% Rußäquivalent auf.
Der pH-Wert einer 10%igen Aufschwemmung liegt bei 6,7–7,3. Untersuchungen von GÖTTE [20] an Düsseldorfer Stadtstaub zeigten, daß in der chemischen Zusammensetzung eine bemerkenswerte Ähnlichkeit mit den Staubzusammensetzungen der amerikanischen Städte besteht.
Die in dem Schmutz enthaltenen festen Komponenten bestehen aus anorganischen und organischen Substanzen, die tierischen, pflanzlichen und mineralischen Ursprung haben. Der anorganische Anteil ist dabei der größte, wie auch aus den

Tab. 2 Verteilung der Teilchengröße von natürlichem Schmutz (nach SALSBURY [50])

Teilchengröße [μ]	Gewicht [%]	Oberfläche [%]
0,1–0,2	13,3	72,9
0,2–0,5	0,0	0,0
0,5–1,0	3,5	4,0
1,0–1,2	0,0	0,0
1,2–2,2	11,7	18,1
2,2–3,3	66,0	0,5
3,3–7,0	5,5	0,5
70–150	0,0	0,0

Arbeiten von SANDERS, LAMBERT (51), HOYT [28] und GÖTTE [20] zu ersehen ist. Auffallend ist, daß in synthetischem Schmutz der Rußanteil fast durchweg höher als in dem natürlichen Schmutz angesetzt wird.

Neben der Schmutzzusammensetzung ist die Schmutz-Teilchengröße ein nicht unwesentlicher Faktor des Anschmutzverhaltens. SALSBURY und Mitarbeiter [50] geben eine Übersicht (vgl. Tab. 2) über die Verteilung der Teilchengröße und des Teilchengewichtes von natürlichem Schmutz, woraus zu ersehen ist, welchen großen Einfluß die Teilchengröße, ausgedrückt in prozentualer Oberfläche, auf das Festhaften an der Faseroberfläche hat.

Staub ist für gewöhnlich die Quelle der pigmenthaltigen Gewebeverschmutzung. Das »Handbuch der Aerosole« der Atomenergiekommission [1] gibt folgende Informationen über die Größe von Aerosol-Teilchen:

Ein Aerosol ist eine Ansammlung kleiner Teilchen, fest oder flüssig, die in der Luft suspendiert sind. Unter kleinen Teilchen ist ein Partikel mit einem Radius von weniger als 5,0 μ zu verstehen. Die gewöhnliche Verteilung der Partikelradien in Aerosolen reicht von 0,1 bis 10 μ, obgleich Teilchen von 0,01 μ einbezogen sein dürften. Die Verteilung der Teilchengrößen in verschiedenen Arten von Aerosolen ist beträchtlich. Staub kann sich von feinen Teilchen mit 0,1 μ Radius oder weniger, die den Dunst erzeugen, bis zu großen Teilchen, bis an die Grenze der Aerosole, hervorgerufen durch einen Sandsturm, erstrecken. Rauch setzt sich oft aus sehr feinen Individualfetten zusammen, die zur Gruppenbildung koagulieren. Rußrauch setzt sich aus kleinen Individualteilchen mit einem Radius vom 0,01 μ zusammen, die zu langen irregulären Gliedern koagulieren, die eine Länge von mehreren Mikron erreichen können.

Nach SANDERS und LAMBERT [51] sollen mehr als 50% der Straßenstaubteilchen in den Bereich unterhalb 5 μ fallen. Eine Veröffentlichung über die atmosphärische Verunreinigung amerikanischer Städte in den Jahren 1931–1933 [31] zeigte, daß der Durchmesser des mittleren Gewichtes an atmosphärischen Staubteilchen dicht bei 1 μ liegt.

Der Staub, der sich mit einem Staubsauger von Teppichen entfernen läßt, (gemessen in 14 Städten der USA) liegt im Größenbereich von 0,3 bis 35 μ, während der von der Faser hartnäckig festgehaltene Staub meistens eine Größe von 0,2 bis 4 μ aufweist [42].

Die Teilchengröße des Schmutzes hat wesentlichen Einfluß auf die Lichtreflektion eines angeschmutzten Textils. Nach einer Arbeit von HART und COMPTON [25] ist in Abb. 1 die Teilchengröße der in einer 1%igen Rußdispersion enthaltenen Pigmentteilchen gegen die Reflektion des in dieser Dispersion nach verschiedenen Zeiten gewaschenen Faserbreies (chopped fiber) aufgetragen. Es ist ersichtlich, daß mit abnehmender Teilchengröße unterhalb 0,05 μ die Baumwollfaser zunehmend abgedunkelt wird.

Teilchen von der Größe unterhalb 0,05 μ lassen sich bei Anwendung normaler Waschverfahren nicht mehr entfernen, so daß die Vermutung ziemlich nahe liegt, daß sich derartige extrem kleine Rußpartikel nicht zum großen Teil in natürlichem Schmutz befinden [18].

Die Beobachtung, daß Pigmentteilchen von weniger als 0,2 µ sehr schwer entfernbar sind und die schwierigste Aufgabe des Auswaschens darstellen, wurde von anderen Autoren ebenfalls gemacht [20, 21].

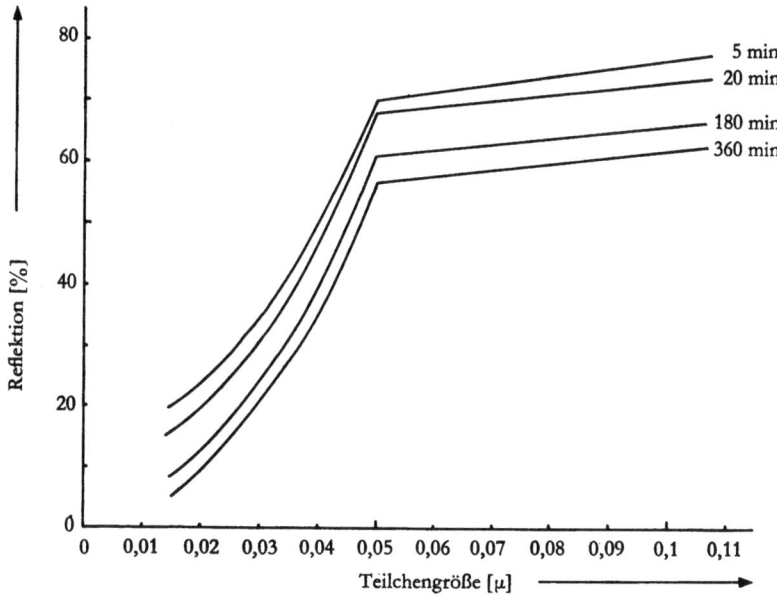

Abb. 1 Abhängigkeit der Reflektion von der Teilchengröße eines Rußes auf Baumwolle (nach COMPTON und HART [8])

2. Mechanismus der Anschmutzung

Die Anschmutzfunktion teilt sich in zwei Hauptvorgänge, deren erster die Transportphänomene und deren zweiter die Stabilität des Anschmutzens betrifft. Diese Funktion beinhaltet also einen kinetischen und einen statischen Zustand.

Der primäre Zustand wird hervorgerufen

a) durch BROWNsche Bewegung (Teilchengröße 0,1 µ), die in einer Kollision (Adagulation) mit festen Oberflächen (Textilfasern) oder mit Teilchen gleicher Art in einer Koagulation zu größeren Partikeln resultiert,

b) durch thermische Bewegung der Teilchen auf Grund von Konvektionsströmen infolge von Temperaturdifferenzen, die in einer Kollision (Adagulation) mit festen Oberflächen (Textilfasern) oder mit Teilchen gleicher Art in einer Koagulation zu größeren Partikeln resultiert,

c) durch elektrostatische Kräfte, die die Partikel an elektrisch geladene Oberflächen transportieren,

d) durch Schwerkräfte, die das Absetzen von Teilchen ($> 0,3\ \mu$) aus der Luft auf horizontale Oberflächen bewirken, wobei mit zunehmender Teilchengröße die Absetzgeschwindigkeit ebenfalls zunimmt,

e) durch Flüssigkeiten, als Transportmittel oder Trägersubstanz. So können zunächst mit Trockenschmutz an der Oberfläche beladene Gewebe durch Flüssigkeiten in den inneren Strukturbereichen angeschmutzt werden. Besonders unangenehm in bezug auf die Entfernung von Pigmentschmutz hat sich das Verhältnis von viel Pigment zu wenig Flüssigkeit erwiesen (Zementflecken). Diese Art von Verschmutzung kann als Dispersionsfärbung aufgefaßt werden.

Polare Flüssigkeiten sollen durch Faserquellung und Entquellung infolge von Benutzung und Trocknung die Lage der Pigmentteilchen auf der Faseroberfläche verändern und sogar lösliche Substanzen durch die Faserwand in das Innere der Faser transportieren.

Der sekundäre Vorgang wird nach SNELL [56]

a) durch mechanische Kräfte,

b) durch elektrische Kräfte,

c) durch Ölbindung

hervorgerufen.

COMPTON und HART [8] teilen den Bindungsmechanismus in

a) Makro-Okklusion (Einschluß der Partikel in den Zwischenräumen zwischen den einzelnen Garnen oder zwischen dem Garn selbst),

b) Mikro-Okklusion (Einschluß der Partikel in den Unregelmäßigkeiten der Faseroberflächen),

c) Sorption der Partikel durch VAN DER WAALSsche oder COULOMBsche Kräfte an der Oberfläche oder in den Poren oder Spalten ein.

Aus dieser Einteilung geht hervor, daß die Topographie der Fasern und die Geometrie des flächigen Textils als Gewebe, Gewirke oder Strickware für das Festhalten des Schmutzes eine wesentliche Rolle spielen. Theoretisch müßte nach GETCHELL [18] eine Faser mit einer minimalen Oberfläche pro Volumeneinheit einen maximalen Widerstand gegen mechanische Verschmutzung aufweisen, da die Faser einen großen Durchmesser, kreisrunden Querschnitt und eine vollständig glatte Oberfläche hat.

Nach einer Studie über die Schmutzzurückhaltung von MASLAND [41] wird der Pigmentschmutz oft in den Unregelmäßigkeiten der Faseroberfläche festgehalten, z. B. bei der Wolle an den Rändern der Schuppen, bei der Viskose in den Kanälen längs der Faserachse und bei der Baumwolle in den Vertiefungen, die durch die Windungen gebildet werden. Von den natürlichen Fasern kommen Rohwolle und Mohair der idealen Fasergestalt am nächsten und sind für ihre gute Reinigungsfähigkeit bekannt. Synthetische sowie Chemiefasern zeigen ebenfalls auf Grund der Fasergeometrie gutes Anschmutz- und Reinigungsverhalten [3, 71].

Mehrere Arbeiten zur Morphologie der Baumwollfasern von KLING und MAHL [32–35] sowie KLING und Mitarbeiter [36] haben zeigen können, daß die Oberfläche der Baumwollfasern, abgesehen von einer gewissen charakteristischen Struktur, geschlossen und ziemlich glatt und frei von elektronenoptisch erkennbaren Spalten, Rissen oder Löchern ist. KLING [37] kommt daher zu dem Schluß, daß für die Fixierung des Pigmentschmutzes einerseits die Makro-Okklusion (für relativ groben Schmutz, der ohnehin leicht zu entfernen ist) und andererseits die Ablagerung auf der freien Faseroberfläche (elektronenoptisch stets festgestellt) verantwortlich ist.

GETCHELL [18] führt mehrere Literaturstellen an, wonach die Baumwollfaser ein System von Öffnungen und Poren habe, die von der äußeren Oberfläche durch die Primärwand in die innere Struktur der Sekundär-Schichten führen soll. Durch Wasser oder alkalische Lösungen sollen sich die Hohlräume ausdehnen. Allerdings wird einschränkend betont, daß nur Substanzen in molekularer Lösung eindringen können und sich außerdem nur innerhalb eines begrenzten Größenbereiches bewegen dürfen. Somit sind selbst die feinsten kolloidalen Schmutzpartikel und die großen, nicht polaren Moleküle der Öle und Fette vollständig auf die Faseroberfläche beschränkt, während die meisten wasserlöslichen anorganischen Salze und vielen löslichen organischen Moleküle, wie z. B. Farbstoffe, in die inneren Bereiche der gequollenen Faser eindringen können.

Die elektrostatischen Kräfte beeinflussen einerseits die Schmutzaufnahme und andererseits die Schmutzzurückhaltung. Sehr kleine Teilchen, die auf Grund der VAN DER WAALSschen Kräfte auf jeder Oberfläche haften können, werden durch elektrostatische Kräfte in der Bindung Partikel/Faser nur noch verstärkt. SNELL [56] behauptet, daß die elektrostatischen Kräfte den wesentlichen Faktor der Adhäsion des Schmutzes an Geweben darstellen, so bald keine Ölbindung vorliegt.

Die adhäsiven Kräfte der Ölbindung resultieren in einer gleichzeitigen Benetzung der Faseroberfläche und der Schmutzteilchen mit Öl. Ob Faseroberflächen überhaupt vollständig ölfrei unter normalen Bedingungen sein können, ist zweifelhaft.

ADAM [2] weist darauf hin, daß sich Textilfasern, nach kurzer Zeit an freier Luft belassen, mit einem Fettfilm überziehen. Derartig dünne, evtl. nur monomolekulare Schichten, haften fest auf der Faseroberfläche und sind sehr schwer nach gewöhnlichen Verfahren zu entfernen.

3. Schmutzabweisende Ausrüstungen

In vorliegender Arbeit werden additive Ausrüstungen von Textilfasern untersucht, deshalb sollen auch nur diese Ausrüstungen aus der Sicht der Literatur behandelt werden.

Nach GETCHELL [18] kann die *Stärke* als das älteste additive Ausrüstungsmittel für die Baumwolle angesehen werden. Es wurde als erstes Produkt von verschiedenen Autoren auf ihr schmutzabweisendes Verhalten geprüft.

Nach KRÜGER [38], HALL [24], UTERMOHLEN [64], VIERTEL [66] ist Stärke als schmutzabweisende Ausrüstung nicht sehr wirksam, wogegen eine Auflage von 5% oder mehr die Entfernung des Pigmentschmutzes durch Waschen erleichtert [24]. Diese Wirkung ist nach GETCHELL das Ergebnis einer Filmbildung, die das Eindringen in die Gewebehohlräume verhindert [43]. Andererseits hält nach WICKLEIN [72] Stärke die Faserenden im Gewebeverband fest und wirkt so dem Rauwerden während des Gebrauchs entgegen. Der verbesserte Weißgehalt nach dem Waschen wird auf die teilweise in Lösung gegangene Stärke und deren Wirkung als Schmutzträger zurückgeführt [65, 72, 73].

PORTER und Mitarbeiter [48] konnte dagegen beim »floor test«, Begehversuche auf Teppichen, keine Schmutzabweisung feststellen, während beim »tumbler test« keine signifikante Schmutzabweisung zu beobachten war.

Das Verhalten von *Polyvinylacetat*, eingesetzt in der Ausrüstung als permanentes Steifungsmittel, gegenüber Anschmutzungen wird ungünstig beurteilt. Danach soll diese Ausrüstung die Trockenanschmutzung [24, 64] verstärken und durch Hineindiffundieren der Pigmentteilchen in die Kunststoffauflage während des Waschens die Vergrauung unterstützen.

Die Wirkung der *Carboxymethylcellulose (CMC)* in Waschmitteln und Schmutzflotten ist bekannt. Darüber hinaus wird eine niedrig substituierte alkalische Form als schmutzabweisende Ausrüstung für Baumwolle auf den amerikanischen Markt gebracht [18]. JARRELL und TROST [31] kommen bei einer Leichtausrüstung (light sizing) mit CMC zu dem Schluß, daß bei einer Auflage von 0,075% CMC mittlerer Viskosität über einen weiten Bereich der Anschmutzung eine gewisse Schmutzabweisung während des Waschens zu verzeichnen ist. Der Effekt wird auf die Wirkung der elektrostatischen Kräfte zurückgeführt, eine Deutung, die durch Arbeiten von STACKELBERG, KLING u. a. [58] als gesichert angesehen werden kann. Nach einer Arbeit von MILLER [41] muß eine CMC-Ausrüstung nicht analog eine Schmutzabweisung oder leichtere Schmutzentfernung nach sich ziehen. Eine 3%ige CMC-Ausrüstung soll danach die Schmutzabweisung von Acetat, Nylon und Acrilan verbessern, von Baumwolle, Wolle, Dynel und Orlon nicht beeinflussen und sogar bei Dacron und Zellwolle verschlechtern. Die Leichtigkeit der Schmutzentfernung wird danach nur bei Baumwolle, Dacron und Orlon leicht verbessert, während sich an den übrigen Faserarten kein Effekt feststellen läßt.

SCOTT [52] hat die schmutzabweisende Wirkung von CMC-behandeltem Baumwollgewebe gegenüber unbehandelter Baumwolle festgestellt. Er behauptet, daß Stärke diesen Effekt nicht zeigt.

Auch SORKIN [57] konnte zeigen, daß sich CMC in der Rußentfernung von Baumwolle während des Waschens günstig verhält.

Octadecyläthylenharnstoff (Äthylenimiderivat) reagiert mit den Hydroxylgruppen der Cellulose unter Bildung eines Celluloseäthers und stellt somit ein waschbeständiges Hydrophobier- und Weichmachungsmittel für natürliche und künstliche Fasern dar, welches sich nach Angaben verschiedener Autoren trockenschmutzabweisend verhalten soll [3, 39, 56, 69, 70]. Nach SORKIN [57] sollen die Quellvorgänge das Anschmutzen und Reinigen stark beeinflussen. Auf dem Teppichsektor wird das Isocyanatumsetzungsprodukt bevorzugt eingesetzt, weil neben einer hervorragenden Schmutzabweisung zusätzlich eine weichmachende Wirkung festzustellen ist, die der Ware einen wollartigen Griff verleiht.

LINDNER [40] erscheinen Kombinationen dieser Äthylenharnstoffe mit Metalloxyden grundsätzlich interessant, wogegen eine schmutzabweisende Wirkung von Wäschetextilien nach derartigen Kombinationsverfahren weder geeignet noch vorgesehen ist.

Der Wasserabweisungseffekt der *Silikonausrüstung* kann eine schmutzabweisende Wirkung zeigen, wenn es sich um Naßschmutz handelt, der in wäßriger Phase Pigmentteilchen suspendiert oder Farbstoffe gelöst enthält. Nach GETCHELL [18] soll aber der Naßschmutz schnell entfernt werden und es ihm nicht gestattet werden, zu lange mit dem Gewebe in Kontakt zu bleiben. Während nach STUKENBROCK [62] Tinten abgewiesen werden sollen, ist nach WELTZIEN, HAUSCHILD [70] die Tinte mit saugfähigem Material nicht vollkommen aufsaugbar, sie kann nur durch kaltes Nachspülen restlos entfernt werden. Nach Arbeiten von ENDERS, NEUWIRTH [12] und RUILE [49] werden wasserlösliche Substanzen durch die hydrophobe Wirkung nicht so schnell angezogen und können durch Abstreifen leichter entfernt werden. Ebenso lassen sich nasse Anschmutzungen, z. B. wäßriger Straßenschmutz, die größere Mengen festen Schmutzes enthalten, nach dem Eintrocknen leichter abbürsten. Die vorzügliche »Naßschmutzimmunität«, wie der Effekt der Silikone besser zu benennen sei [13, 14, 49], ist auf eine Schmutzabweisung bei öligen oder fettartigen Substanzen bzw. Trockenschmutz nicht anwendbar. Bei den letztgenannten Anschmutzungsarten ist durch Waschen die Entfernung sogar deutlich erschwert [12, 13, 14, 48, 57, 72].

Bis vor einigen Jahren war es nicht vorstellbar, daß die Faserfläche gleichzeitig sowohl wasserabweisend (hydrophob) als auch ölabweisend (oleophob) ausgerüstet werden kann. Dieser Effekt wird erreicht durch sogenannte *Fluorkarbonverbindungen*, deren Wirkung auf die Erniedrigung der Grenzflächenenergien beruht, eine Ursache, die von der Arbeitsgruppe ZISMAN eingehend bearbeitet wurde [74], die nach GRAJECK und PETERSEN [23] in zwei Gruppen einzuteilen sind:

a) die inerten Verbindungen, zu denen die fluorierten Kohlenwasserstoffe gehören, und

b) die reaktiven Verbindungen, die die perfluorierten Säuren, Amine, Alkohole und Olefine umfassen.

Für die textile Ausrüstung ist die letzte Gruppe geeignet. Optimale Ergebnisse werden erhalten, wenn die perfluorierte Kohlenstoffkette 7-C-Atome enthält und die Dauerhaftigkeit durch Gruppen bestimmt wird, die eine chemische oder physikalische Bindung mit der Faser eingehen können. BERNI und Mitarbeiter [5] stellten bei ihren Versuchen fest, daß das Perfluorbutylacrylat seine Wirksamkeit über mehrere milde Wäschen beibehält, daß aber gleichzeitig die Trockenschmutzaufnahme zunimmt. Sobald ein Fluoratom am endständigen C-Atom der perfluorierten Kohlenstoffkette durch ein Wasserstoffatom ersetzt wird, steigt die Naßechtheit im alkalischen Bereich an, während die Hydro- und die Oleophobie sinkt.

SEGAL und Mitarbeiter [53] sowie BERCH und PEPER [4] beobachteten ebenfalls

15

eine Zunahme der Trockenanschmutzung bei Anwendung des Acrylharztypes. Eine Kombination von Acrylharz und Perfluorkarbon-Säuren sowie eine Vorbehandlung mit Aluminiumtriacetat zeigt eine gute Öl- und Wasser- und zusätzlich eine Trockenschmutzabweisung. Dieser Effekt dürfte auf Grund der Arbeiten von TRIPP u. a. [63] auf die Verwendung der Perfluorkarbonsäure zurückzuführen sein.

ENDERS und WIEST [14] unternahmen Anfleck- und Auswaschversuche nach Art der Feinwäsche und Kochwäsche an herkömmlichen, fluorkarbonausgerüsteten Geweben vor. Klar tritt die bessere Wirkung der chemischen Reinigung gegenüber der Naßwäsche hervor. Der schmierige Schmutz wird nicht in den Faserverband eingeschleppt, denn die abstoßende Wirkung kommt bei organischen Lösungsmitteln wegen der Beseitigung des kapillaren Kriecheffektes voll zur Geltung. Bei den Naßbehandlungen trat sogar das Kuriosum ein, das die ausrüstungsfreie Ware den besten Wascherfolg zeigte. Außerdem verleihen die Fluorkarbonpolymerisate in ihrem derzeitigen Aufbau keine generelle schmutzabweisende Wirkung in der Form, daß sie auch gegen Trockenanschmutzung schützen. Bei der Naßschmutzaufnahme während des Waschens verhalten sich die Fluorkarbonpolymerisat-Ausrüstungen grundsätzlich nicht anders als die herkömmlichen Imprägnierungen, also zeigen auch diese eine bevorzugte Vergrauung.

GOLDSTEIN [19] untersuchte Kombinationen von Fluorkarbon-Verbindungen mit wasserabweisenden Ausrüstungsmitteln und stellte fest, daß eine kombinierte Anwendung die Fleckabweisung verbessert. SORKIN [57] konnte an ruß- und ölfoulardierten Baumwollgeweben beobachten, daß die Fluorkarbonausrüstung die Naßreinigung verschlechtert und außerdem die Anschmutzung verstärkt.

Eine trockenschmutzabweisende Ausrüstung von Textilflächen ergeben die über den Aerosol-Zustand gewonnenen *kolloid-dispersen Metalloxyde* Siliziumoxyd, Aluminiumoxyd und Titandioxyd [9, 10, 11, 47].

FLORIO und Mitarbeiter [15] untersuchten eine Kombination von Alumiumoxyd und Kieselsäure (0,1–0,4 μ $\varnothing$) mit geringem Wachszusatz bei vergleichenden Begehungen von Teppichen und haben an den ausgerüsteten Abschnitten eine deutliche Verminderung der Anschmutzung festgestellt. Eine Gegenüberstellung der Teilchengrößen und deren Verteilung von trockenschmutzabweisenden Metalloxyden und natürlichem Trockenschmutz zeigt, daß die gewünschte Wirkung nur erreicht wird, wenn die Teilchengröße der Metalloxyde kleiner als die des natürlichen Schmutzes ist [50].

FLORIO [15] deutet allgemein den schmutzabweisenden Effekt dahingehend, daß durch einen geeigneten Überzug die Unebenheiten der Faseroberfläche vor dem Eindringen von Schmutz mittels einer Trockenschmutz-Barriere (soil barrier) und Öl-Barriere (oil barrier) geschützt werden. Die Autoren sprechen im Falle der Metalloxyde von einem Vor-Anschmutzen (pre soiling) mit farblosem Pigment als geeigneten Überzug. Nach TRIPP [63] wird die Trockenanschmutzung durch Adsorption des »weißen Schmutzes« (Metalloxyde) und Absättigung der affinen Zentren an der »trockenschmutzaffinen« Faseroberfläche verhindert. Über die Naßwäsche derartig ausgerüsteter Baumwolle sagen TRIPP und Mitarbeiter [63] aus, daß diese Maßnahmen keine Verbesserung, sondern eher eine Verschlechterung der Schmutzabweisung bewirken, da kolloid-disperse Kieselsäure und kolloid-disperses Alumiumoxyd für sich als starke Schmutzabsorber wirksam sind. Nach BANDEL [3] hat sich die kolloid-disperse Kieselsäure pigmentschmutzabweisend bewährt, wogegen der den Fasern wesensfremde sandige Griff nachteilig ist, der aber durch kationaktive Produkte abgefangen werden kann. Auch die Kombination mit einem Äthylenharnstoffderivat wirkt in gleicher Richtung.

Die Wirkung der *Antielektrostatika* als schmutzabweisende Ausrüstungsmittel ist in der Literatur umstritten. Während vielfach diesen Produkten ein Anti-soiling-Effekt zugeordnet wird, konnten andere Autoren [3, 68] nicht unbedingt eine schmutzabweisende Wirkung feststellen. Exakte Untersuchungen zu diesem Fragenkomplex liegen nur selten vor, während allgemein theoretische Überlegungen und Folgerungen als Beurteilung angewendet werden.

III. Versuchsanordnung

1. Art der Wäschestoffe

Als Versuchsgewebe wurden sogenannte Wäschestoffe eingesetzt.
1. Krefelder Baumwollstandard, Leinwandbindung
   Fadenzahl: 27/27 Fäden/cm
   Garnstärke: 34/34 Nm
   Gewicht: 170 g/m²
2. Baumwollgewebe, Köperbindung
   Fadenzahl: 40/26 Fäden/cm
   Garnstärke: 31/31 Nm
   Gewicht: 190 g/m²
3. Reinleinengewebe, Atlasbindung
   Fadenzahl: 26/26 Fäden/cm
   Garnstärke: 21/21 Nm
   Gewicht: 265 g/m²
4. Polyester/Baumwollgewebe, Leinwandbindung
   Fadenzahl: 29/29 Fäden/cm
   Garnstärke: 62/62 Nm
   Gewicht: 125 g/m²
5. Polyester-(endlos)-Gewebe, Leinwandbindung
   Fadenzahl: 46/46 Fäden/cm
   Garnstärke: 165/165 Nm
   Gewicht: 55 g/m²

Alle Gewebe wurden vor den Ausrüstungsverfahren mit 0,2 g/l Seife und 1,5 g/l Na-Pyrophosphat im Flottenverhältnis 1:4 bis zu 90°C während 30 min maschinell vorgewaschen, geschleudert und im Tumbler getrocknet. Die Vorbehandlung war notwendig, um Fremdausrüstungen und Avivagen vor den eigentlichen Ausrüstungsgängen zu entfernen.

2. Ausrüstungsverfahren

Die Ausrüstungen wurden nach Angaben des Herstellers bzw. von diesem selbst aufgebracht. Die verwendeten Ausrüstungsmittel lassen sich in drei große Klassen einteilen:
1. kolloid-disperse Metalloxyde
2. Beschichtungsmittel
3. Hydro- bzw. Oleophobierungsmittel

Jede Gruppe ist durch ein Symbol und jede Ausrüstung zusätzlich durch eine Abkürzung auf den nachfolgenden Darstellungen bezeichnet (vgl. Tab. 3).

Tab. 3 Ausrüstungsmittel

Bezeichnung nach Gruppe und Art		Abk.	Symbol
Metalloxyd-Auflagerungsmittel			
kolloid disp. Kieselsäure	0,03 μ ⌀	SiO_2	●
kolloid disp. Aluminiumoxyd	0,04 μ ⌀	Al_2O_3	●
kolloid disp. Titandioxyd	0,1 μ ⌀	TiO_2	●
Beschichtungsmittel			
Reis-Stärke		St	■
Carboxymethylcellulose		CMC	■
Polyvinylacetat		PVAc	■
Hydrophobierungsmittel			
Äthyleniminderivat		ÄID	▲
perman. Hydrophobierungsmittel		PH	▲
Silikon		Si	▲
Oleophobierungsmittel			
Fluorkarbonharz		FKH	▲
Kombination von Hydro-			
phobierungsmittel und			
kolloid disp. Metalloxyd			
Äthyleniminderivat und			
Aluminiumoxyd		ÄID + Al_2O_3	△

1. 10 ml kolloid-disperse Metalloxyddispersionen pro Liter permutiertem Leitungswasser (ca. 22° dH) (1 l Dispersion enthält 400 g TiO_2 oder 280 g SiO_2 oder 200 g Al_2O_3) wurden bei 20°C während 20 min in einer Trommelwaschmaschine im Flottenverhältnis 1:40 in die Gewebe eingearbeitet. Danach wurden die Gewebe geschleudert und gemangelt.
2. 20 g/l Reisstärke (mit Borax-Zusatz), mit Heizdampf aufgeschlossen, oder 100 ml Polyvinylacetatdispersion oder 3 g/l Carboxymethylcellulose (100%ig an CMC) wurden bei 20°C während 30 min in eine Trommelwaschmaschine im Flottenverhältnis 1:4 in die Gewebe eingearbeitet. Danach wurden die Gewebe geschleudert und gemangelt.
3. Gewebe aus rein cellulosischem Fasermaterial wurden mit 15 g/l Äthyleniminderivat, Mischgewebe aus Polyester/Baumwolle mit 10 g/l und Polyestergewebe mit 8 g/l Äthyleniminderivat foulardiert und bei 100°C auf dem Spannrahmen getrocknet.

Entsprechend der Praxis wurden die cellulosehaltigen Gewebe mit 80 g/l emulgiertem Silikonöl und 60 g/l eines Reaktanttypes als Hochveredlung und das Polyestergewebe mit 60 g/l emulgiertem Silikonöl bei einem Preßdruck von 5 t und einer Warengeschwindigkeit von 15 m/min foulardiert und anschließend auf dem Planrahmen bei 120°C getrocknet. Die Nachkondensation wurde während 3⅓ min bei 150°C vorgenommen.

Die Kombination der öl- und wasserabweisenden Ausrüstung wurde bei den rein cellulosischen Fasermaterialien mit 35 g/l Fluorkarbonharz, 20 g/l Paraffinemulsion und 60 g/l eines Reaktanttypes und bei den polyesterhaltigen Geweben mit 30 g/l Fluorkarbonharz und 10 g/l Paraffinemulsion durchgeführt. Die Gewebe wurden mit einem Preßdruck von 5 t und einer Warengeschwindigkeit von 15 m/min foulardiert, anschließend auf dem Planrahmen bei 120°C getrocknet. Die Nachkondensation wurde während 5 min bei 150°C vorgenommen.

Das permanente Hydrophobierungsmittel, welches auf Grund von Quer- und Eigenvernetzung wasserabweisend wirkt, gehört in die Gruppe der Hydrophobierungskunststoffe. Durch Austausch der hydrophoben Gruppen gegen hydrophile Gruppen wurde zusätzlich ein antielektrostatischer Effekt erzielt.

3. Anschmutzverfahren

Der für die vorliegenden Versuche verwendete Pigmentschmutz, bestehend aus 86% Kaolin ($\varnothing = 0$–$15\ \mu$), 4% Fe_3O_4, 2% Fe_2O_3 und 8% Ruß ($\varnothing = 0,1\ \mu$), kommt in Teilchengröße und Mengenanteil dem praktischen Staub weitgehend entgegen. Die Pigment/Fett-Anschmutzung wurde nach dem in der Wäschereiforschung Krefeld entwickelten Sprühverfahren [46, 67] durchgeführt. Die Schmutzdispersion setzt sich aus 12,5% Pigment (nach obiger Mischung) und aus 87,5% Wollfett zusammen, zusätzlich kommt noch eine wäßrige Kochsalzlösung hinzu. Das angeschmutzte Krefelder Baumwoll-Standard-Gewebe hat nach der Anschmutzung einen Fettgehalt von etwa 4%, extrahiert mit Benzol-Alkohol (9:1) bei sechsmaligem Überlauf.

Die Anschmutzverfahren sind im Labormaßstab durchgeführt worden. Die Aerosol-Anschmutzung wurde in Anlehnung an das »Tumbler-Verfahren« [39] der AATCC in einer Trommel vorgenommen, wie sie in Abb. 2 dargestellt ist. Der Trockenschmutz wurde in den Zwischenraum zwischen dem inneren Drahtnetzkäfig und dem Außenbehälter gegeben und mittels Mitnehmer-Rippen in die obere Hälfte des Behälters transportiert. Dabei wurde das auf dem Holzrahmen beidseitig aufgespannte Gewebe mit dem Pigmentstaub berieselt und durch den kippenden Rahmen abgeschlagen. Durch Reversieren der Trommellaufrichtung wurde eine gleichmäßige Anschmutzung erzielt.

Dieses Verfahren kommt der praktischen Aerosol-Anschmutzung weitgehend entgegen und weist bei guter Reproduzierbarkeit einen relativ geringen Streubereich aller Einzelproben auf.

Abb. 2 Apparative Anordnung zur Aerosol-Anschmutzung, Antriebsaggregat, Trommel, Geweberahmen, Reversiergerät zur Änderung der Trommellaufrichtung

In Tab. 4 sind die mittleren quadratischen Abweichungen für verschiedene Gewebearten zusammengefaßt.

Die Fett/Pigment/Salz-Anschmutzung nach dem WFK-Sprühverfahren kommt der praktischen Kontaktanschmutzung weitgehend nahe, z. B. der Verschmutzung an Oberhemden – Kragen und Manschetten, Unterhemden u. dgl.

Tab. 4 *Mittlere quadratische Abweichung* (DIN 53804) *der Tumbler-Anschmutzung mit WFK-Pigmentschmutz*

Schmutzmenge = 4 g Pigment/Trommel
Anschmutzdauer = 15 min
Tumbler-Umlaufgeschwindigkeit = 40 UpM oder g = 0,21 m/sec^2

Baumwollgewebe		Leinen- tischdecke Atlasbindung	Polyester- Baumwoll- gewebe (67–33) Leinwand- bindung	Polyester endlos Leinwand- bindung
Leinwand- bindung	Köper- bindung			
Weißgrad [%] nach der Formel 2 B—R				
± 2,8	± 2,6	± 2,9	± 3,1	± 2,7

Das Anschmutzverfahren wird derart durchgeführt, daß eine rechtwinklig zur Warenbahn sich motorisch bewegende Spritzpistole eine je Zeiteinheit gleichbleibende Menge an Schmutzdispersionen auf das anzuschmutzende Gewebe sprüht. Gleichzeitig sprüht eine zweite Spritzpistole eine ebenfalls je Zeiteinheit gleichbleibende, aber geringere Menge an wäßriger Kochsalzlösung auf das Gewebe. Hierdurch kommt es zu einer gewissen Emulgierung von Wasser-Wollfett, wie dies bei der Gebrauchsverschmutzung mit Hautfett und Schweißwasser der Fall ist.

Durch starkes Abquetschen dringt die Schmutz-Emulsion in das Gewebe ein. Anschließend wird das Gewebe thermisch gealtert. Weitere Einzelheiten dieses Anschmutzverfahrens werden von ILG [29] angegeben.

Die Streuwerte stellen also eine faserart- und gewebekonstruktionunabhängige Apparatekonstante dar.

Eine andere Art hartnäckiger Verschmutzungen sind die sogenannten »Zementflecken«. Diese Zementflecken haben ihre Bezeichnung aus der historischen Überlieferung entnommen. Die Fleckart trat in Wäschereien auf, in denen feuchte oder nasse Wäsche auf Böden (Zementböden) lag, die mit Pigmenten angeschmutzt waren. Durch die Feuchtigkeit erhielt die Faser ein hohes Angebot an Pigmenten mit wenig Wasser. Die Pigmente werden bei einer derartigen Anschmutzung durch das Wasser in die Garn- und evtl. auch in die Faser-Hohlräume transportiert. Im weiteren Bericht werden diese Verschmutzungen als *Pigment-Wasser-Flecken* bezeichnet.

Als Pigment wurde der oben bezeichnete Aerosol-Schmutz (Kaolin, Eisenoxyd, Ruß) bei einer Konzentration von 5 g/l in einer Menge von 0,6 ml pro Fleck auf das Gewebe aufpipettiert, eingetrocknet und nach 24 Stunden gewaschen.

Die üblichen *Fleckverschmutzungen* mit natürlichen fleckbildenden Substanzen stellen nur einen kleinen Bereich des Wäscheschmutzes dar, sind aber im Hinblick auf die Schmutzabweisung ebenfalls interessant. In diesem Falle wurden gleiche Mengen (0,2 ml) *pro Fleck* an Flecksubstanzen, wie Tinte, Kaffee (Wasserbasis, geringe Viskosität), Tomatensauce, Senf (Spatelstrich) (Wasserbasis, hohe Viskosität), Rotwein (Alkohol-Wasser-Basis), Bratensauce (Öl-Wasser-Emulsion), Motorenöl, Sonnenschutzöl (Öl-Basis, geringe Viskosität), Lippenstift (Strich) (Öl [Fett]-Basis, hohe Viskosität), auf das Gewebe aufgetragen. Nach dem Eintrocknen bzw. nach dem Abtupfen wurden die angefleckten Gewebe nach einer Alterung von 48 Stunden gewaschen.

4. Waschverfahren

Die Waschvorgänge wurden in einer Trommelwaschmaschine bei einem Flottenverhältnis von 1:5 und einem Füllverhältnis 1:16 in permutiertem Leitungswasser (ca. 22° dH) steigend bis zu 90° C mit einem gestellten Waschmittel (ohne optischen Aufheller) durchgeführt. Die Gewebeproben wurden auf Füllwäsche aufgeheftet. Die Füllwäsche bestand zu 75% aus 80×80 cm Gewebeabschnitten und zu 25%

aus 40×40 cm Gewebeabschnitten. Die effektive Waschzeit betrug 25 min, die Spülzeit betrug fünfmal 2½ min.

Als Vollwaschmittel (Anwendungskonzentration = 5 g/l) wurde eingesetzt:

Tetrapropylenbenzolsulfonat	(50%ig)	28%
Fettalkoholsulfat $C_{12/14}$	(30%ig)	18%
Na-Pyrophosphat		20%
Na-Tripolyphosphat		15%
Wasserglas 38° Bé		14%
Carboxymethylcellulose	(33%ig)	5%

5. Methoden der Auswertung

Die Auswertung der Schmutzabweisung erfolgt, soweit sinnvoll und experimentell möglich, mit den ELREPHO (Zeiss) unter Verwendung des Blaufilters mit einer maximalen Durchlässigkeit bei 460 mµ. Soweit die Weißgradmessung nicht möglich war, wie es bei den Fleckversuchen der Fall war, wurden die Abstufungen nach selbstgewählten Skalen visuell benotet.

Die Änderung des Weißwertes in Prozent wurde nach der Formel 1 bestimmt.

$$\Delta W = \left(\frac{R'}{R_0} \cdot 100\right) - 100 \; (\%) \qquad (1)$$

R' = Remission (460 mµ) der ausgerüsteten Ware
R_0 = Remission (460 mµ) der unausgerüsteten Ware
ΔW = Änderung des Weißwertes

Daraus ergibt sich, daß bei $R' = R_0$ der Wert von $\Delta W = 0$ wird, d. h. sobald eine Ausrüstung den Remissionswert gegenüber dem unausgerüsteten Gewebe nicht ändert, ist die Weißwertänderung gleich Null. Sobald die Ausrüstung den Remissionswert gegenüber dem unausgerüsteten Gewebe erhöht (erniedrigt), ist die Weißwertänderung positiv (negativ). Es ist also unter besonderer Berücksichtigung des Streubereichs der Mittelwert möglich, auf Grund der Weißwertänderung eine schmutzabweisende oder schmutzanziehende Wirkung unabhängig von dem Weißgradbereich der Faser vergleichend festzustellen.

Diese Darstellung erschien uns günstiger als die KUBELKA-MUNKsche Beziehung (vgl. Formel 2). Danach hat die unangeschmutzte Ware den K/S-Wert 0,000, der

$$K/S = \frac{(1-R)^2}{2R} \quad \text{wobei} \quad R = \frac{R'}{R_0} \qquad (2)$$

R' = Remission der ausgerüsteten oder unausgerüsteten Ware
R_0 = Remission der ausgerüsteten oder unausgerüsteten Ware, aber unangeschmutzten Ware
K = Reflektionskoeffizient
S = Lichtstreuungskoeffizient

sich aber erst bei starken Abdunklungen beträchtlich ändert. Der K/S-Wert wird bevorzugt angewendet, wenn die auf der Faseroberfläche vorhandenen Pigmentmengen, also die Oberflächenkonzentrationen des Pigmentes, von Interesse sind. In Tab. 5 sind die K/S-Werte der Weißwertänderung und der dazugehörigen Remissionswerte an einem gestellten Beispiel aufgetragen.

Tab. 5

Remissionswert bei 460 mµ	ΔW [%]	K/S		Bemerkung
80	+ 60	0,00000		unangeschmutzt
75	+ 50	0,00204	A	ausgerüstet, angeschmutzt
70	+ 40	0,00892	B	ausgerüstet, angeschmutzt
60	+ 20	0,0417	C	ausgerüstet, angeschmutzt
50	± 0	0,112		unausgerüstet, angeschmutzt
40	− 20	0,250	D	ausgerüstet, angeschmutzt
30	− 40	0,521	E	ausgerüstet, angeschmutzt
20	− 60	1,12	F	ausgerüstet, angeschmutzt
10	− 80	3,06	G	ausgerüstet, angeschmutzt
5	− 90	7,00	H	ausgerüstet, angeschmutzt

Wir sehen also, daß Änderungen des Remissionswertes im hohen Remissionsbereich nur kleine Änderungen der K/S-Werte zur Folge haben, während im unteren Remissionsbereich die K/S-Werte größere Unterschiede zeigen. Nach Angaben von STRAUSS [60] ist die KUBELKA-MUNK-Gleichung nur im Bereich kleiner Konzentrationen erfüllt, so daß über einen weiten Konzentrationsbereich keine Linearität zu erwarten ist.

Die Änderung des Weißwertes ΔW gestattet dagegen, unabhängig vom Remissionswert der Faser, die Aufhellung oder Abdunklung nach dem Anschmutzen, beeinflußt durch die Ausrüstung, prozentual zu erfassen.

IV. Experimentelle Ergebnisse

Einfluß der Ausrüstung auf die:

1. Aerosol-Anschmutzung (Pigmentschmutz)

Die Beeinflussung der Aufnahme von Pigment-Flugstaub als Aerosol-Schmutz durch die verschiedenen Ausrüstungen ist in Abb. 3 dargestellt. Eine oberflächliche Betrachtung zeigt, daß die Flugstaubaufnahme durch Ausrüstungen verringert, erhöht oder nicht beeinflußt werden kann. Die Einteilung nach Gruppen läßt erkennen, daß durch Metalloxyde eine Aerosol-Schmutzabweisung möglich ist, wie sie bei der Leinwand- und Köperbindung der Baumwolle beobachtet werden kann. Bei Fasern mit relativ rundem Querschnitt, z. B. Leinen und Polyester, sind die Metalloxyde nicht mehr »schmutzabweisend«. Durch Beschichtungsmittel, wie Stärke, Carboxymethylcellulose oder Polyvinylacetat, tritt keine eindeutige Änderung der Schmutzaufnahme auf, wenn von der »schmutzabweisenden« Wirkung auf dem Baumwollköpergewebe abgesehen wird.
An dieser Bindungsform treten deutlich positive Effekte auf. Eine Einteilung der Schmutzabweisung nach der Oberflächenhärte des Beschichtungsmittels ist bei der Aerosol-Anschmutzung nicht möglich.
Durch das Hydrophobierungsmittel ÄJD auf Basis des Äthyleniminderivats, welches mit den Hydroxylgruppen der Cellulose einen Celluloseäther bildet, wird ein »schmutzabweisender« Effekt erzielt. Gleiche, aber weniger sichtbare Wirkung zeigt sich ebenfalls an den hydroxylgruppenarmen Fasermaterialien des Leinens und des Polyesters. Interessant ist die Kombination von Metalloxyden mit dem Äthyleniminderivat. Jedes dieser Ausrüstungsmittel ist ein »Schmutzabweiser«. Bei gleichzeitiger Anwendung beruht die Schmutzabweisung nicht auf dem Prinzip einer Addition der Effekte der Einzelkomponenten und nicht auf der Wirkung des stärksten Gliedes der Kombination, sondern es tritt eine merkliche Depression auf.
In der Praxis wird das Äthyleniminderivat zur Verbesserung des Griffes als Weichmacher (Avivage) zugesetzt.
Das Hydrophobierungsmittel PH, welches mit der Cellulose quervernetzend und im geringen Maße auch selbstvernetzend reagiert, erreicht nicht die Wirkung des Äthyleniminderivats, so daß entweder keine oder eine negative Beeinflussung durch die Ausrüstung festzustellen ist.
Die Hydrophobierung mit Silikon »Si« hat unabhängig von Faserart und Gewebekonstruktion grundsätzlich eine stärkere Trockenverschmutzung hervorgerufen.
Auch RUILE [49] und ENDERS, NEUWIRTH [12] stellten fest, daß die Silikonausrüstung keine Trockenschmutz-Abweisung aufweist.
Ähnliches Verhalten zeigt die oleophobe Ausrüstung mit Fluorkarbonharzen, eine Beobachtung, die in der Literatur von verschiedenen Autoren [4, 5, 53, 57] bestätigt wird.

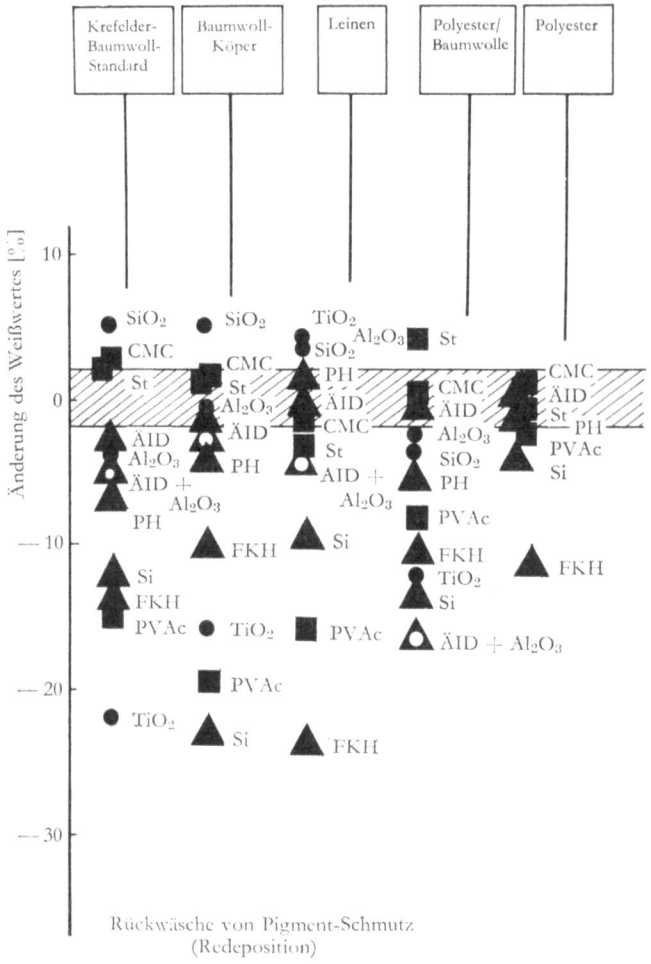

Abb. 3 Beeinflussung der Aerosol-Schmutzaufnahme durch verschiedene Ausrüstungen an verschiedenen Geweben
Anschmutzdauer: 15 min
Trommelumlaufgeschwindigkeit: 40 U/min
Schmutzmenge: 4 g WFK-Pigment/Trommel

2. Kontakt-Anschmutzung (Pigment/Fett-Schmutz)

In Abb. 4 sind die Änderungen der Remission bei 460 mµ dem Wert der unausgerüsteten Ware als Bezugswert von der Größe Null gegenübergestellt. Danach wird durch die additiven Ausrüstungen eine Depression der Remission hervorgerufen, obwohl gleiche Schmutzmengen in gleicher Zeit auf gleich großen Gewebeflächen zur Anwendung kamen. In Tab. 6 sind die Pigmentkonzentrationen

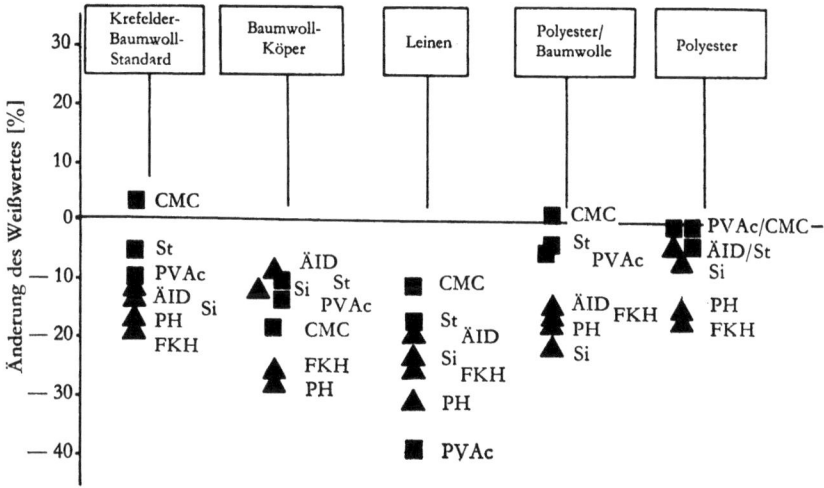

Abb. 4 Beeinflussung des Weißwertes nach der Kontaktanschmutzung mit Pigment/Fett durch verschiedene Ausrüstungen an verschiedenen Geweben
Anschmutzverfahren: Nach der WFK-Sprühmethode [46, 67]

pro m² Gewebefläche zusammengefaßt. Daraus ist zu ersehen, daß die Ausrüstung keinen eindeutigen Einfluß auf die Schmutzaufnahme hat. Die stärkere Abdunklung bei gleicher Schmutzmenge, besonders durch hydrophobe Ausrüstungen, läßt darauf schließen, daß die Verteilung des Pigment/Fett-Schmutzes über den Gewebequerschnitt variiert ist.

Tab. 6 Pigmentkonzentration auf den Wäschestoffen

Ausrüstung	Kref. Std.	Köper	Leinen	Polyester/B.-wolle	Polyester
		g Pigment/m² Gewebe			
ohne	0,87	1,96	1,28	1,20	0,75
St	1,31	1,65	1,49	0,86	0,63
PVAc	0,97	1,61	1,09	1,12	0,46
CMC	1,65	1,52	2,30	1,12	0,45
ÄJD	1,63	0,99	0,85	1,50	0,55
Si	1,28	1,17	1,64	0,82	0,50
FKH	0,90	0,57	1,15	0,84	0,66
PH	1,40	1,30	1,45	1,40	0,53

Dieses wird besonders dann auftreten, wenn die hydro- oder oleophobe Ausrüstung dem Eindringen der Pigmentdispersion in den Garnverband einen Widerstand entgegensetzt. Dann sind derart ausgerüstete Gewebe bei gleicher Schmutzmenge stärker abgedunkelt als die mit Beschichtungsmitteln, wie Stärke, CMC oder Polyvinylacetat, ausgerüsteten.

3. Auswaschbarkeit der Aerosol-Anschmutzung (Pigmentschmutz)

Die »schmutzabweisende« Wirkung eines Ausrüstungsmittels soll sich nicht nur allein auf die Aufnahme von Aerosol-Schmutz beziehen, sondern derartige Effekte sollen auch bei der Entfernung des Schmutzes von der Faseroberfläche während des Waschens zur Geltung kommen. In Abb. 5 sind die Werte der

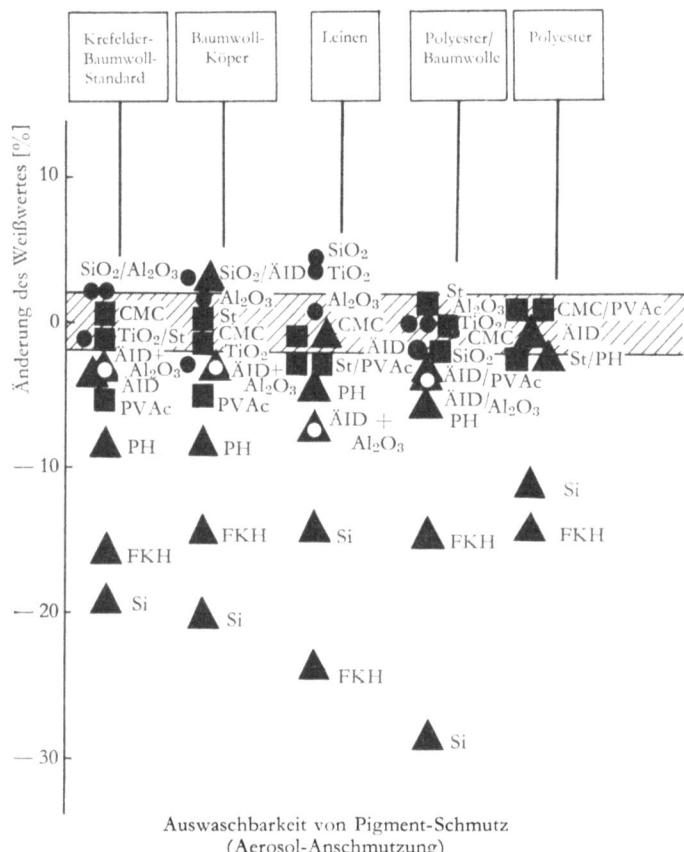

Abb. 5 Beeinflussung der Auswaschbarkeit von Aerosol-Schmutz (Pigment) durch verschiedene Ausrüstungen an verschiedenen Geweben
Anschmutzverfahren: vgl. Abb. 3
Waschverfahren:
Waschdauer: 25 min
Waschmittel: 5 g Vollwaschmittel/l
Waschtemperatur: bis 90°C steigend
Füllverhältnis: 1:16
Flottenverhältnis: 1:5

Auswaschbarkeit der Aerosol-Anschmutzung (vgl. Abb. 3) aufgetragen. Die an dem unausgerüsteten Gewebe durch das Waschen erzielte Aufhellung ist definitionsgemäß als Nullwert eingesetzt. Eine oberflächliche Betrachtung zeigt, daß die verschiedenartigen Ausrüstungen die Flugstaubentfernung günstigenfalls nicht beeinflussen, daß aber besonders die hydro- und oleophobierenden Ausrüstungen (PH, Si, FKH) die Auswaschbarkeit der Pigmente eindeutig verschlechtern.

Gleiche Beobachtungen werden von SORKIN [57] an ruß- und ölfoulardierten Baumwollgeweben wie auch von HALL [24], PORTER [48], WICKLEIN [72], ENDERS, NEUWIRTH [12] und RUILE [49] gemacht. Das Äthyleniminderivat, welches sich schon bei der Anschmutzung deutlich »schmutzabweisend« verhielt, zeigt in der Gruppe der Hydrophobierungsmittel ein günstiges Verhalten, da es die Naß-Entfernung des Pigmentschmutzes nicht beeinträchtigt hat.

Die Beschichtungsmittel und die kolloid-dispersen Metalloxyde haben kaum Einfluß auf die Schmutzauswaschbarkeit gezeigt. Diese verhalten sich wie die unausgerüstete Ware.

4. Auswaschbarkeit der Kontakt-Anschmutzung (Pigment/Fett-Schmutz)

Die Anwesenheit von Hautfett und Pigmenten verändert die Wirkung einer Ausrüstung auf die »Schmutzabweisung« grundlegend. Zunächst einmal werden die Unterschiede der Effekte deutlicher (vgl. Abb. 6). Es treten wieder »Schmutzabweisung« und »Schmutzanziehung« auf. Betrachten wir einmal die Metalloxyde: Während diese Ausrüstungsmittel eine leichtere Pigmentschmutz-Auswaschbarkeit andeuten (vgl. Abb. 5), wird bei Anwesenheit von Wollfett die Pigmententfernung erheblich beeinträchtigt. Die Gruppe der Hydrophobierungsmittel (ÄJD, PH, Si, FKH) wird ebenfalls durch die Anwesenheit von Fett in dem Vermögen der Pigmentretention merklich verstärkt.

Die Gruppe der Beschichtungsmittel verhält sich teils »schmutzabweisend« und teils »schmutzzurückhaltend«.

Dieses Verhalten kann einerseits auf den technologischen Aufbau des Gewebes zurückgeführt werden. An dem Beispiel Baumwollgewebe wird die »schmutzabweisende« Wirkung durch Variation der Gewebekonstruktion von der Leinwand- zur Köperbindung soweit abgeschwächt, daß daraus für Polyvinylacetat (PVAc) eine echte Schmutz-Retention resultiert. Andererseits kann die Faserart einen nicht unbedeutenden Einfluß auf die Auswaschbarkeit von Pigment/Fett-Schmutz ausüben. Betrachten wir die polyesterhaltigen Gewebe:

Der Zusatz von Polyester zu Baumwoll-Cellulose läßt die Beschichtungsmittel »schmutzabweisend« wirksam werden. An reinem Polyester-(endlos)-Gewebe wird der Effekt bedeutend verstärkt, so daß jetzt von einer echten »Schmutzabweisung« im Sinne einer verbesserten Auswaschbarkeit gesprochen werden kann.

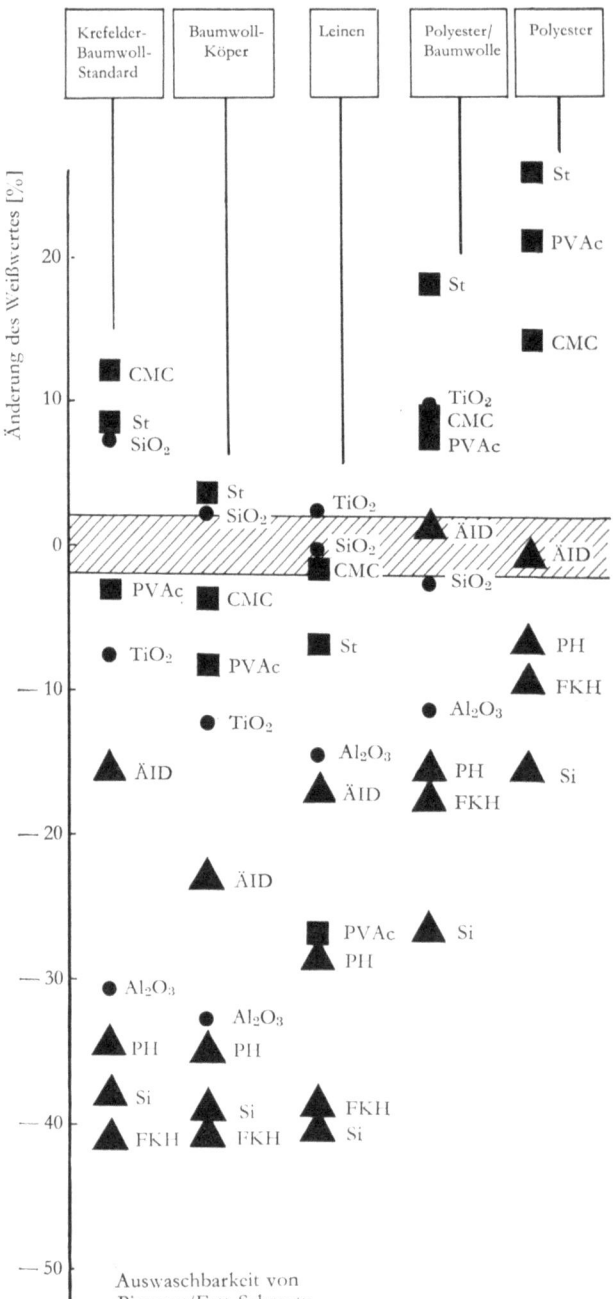

Abb. 6 Beeinflussung der Auswaschbarkeit von Kontakt-Schmutz (Pigment/Fett/Salz) durch verschiedene Ausrüstungen an verschiedenen Geweben
Anschmutzverfahren: Nach der WFK-Sprühmethode [46, 67]
Waschverfahren:
Waschdauer: 25 min
Waschmittel: 5 g Vollwaschmittel/l
Waschtemperatur: bis 90°C steigend
Füllverhältnis: 1:16
Flottenverhältnis: 1:5

5. Vergrauung während des Waschens (Redeposition, Rückvergrauung)

Die Rückwäsche von Pigmentschmutz, auch in Anlehnung an den englischen Sprachkreis *Redeposition* genannt, ist insofern beachtenswert, weil nach dieser

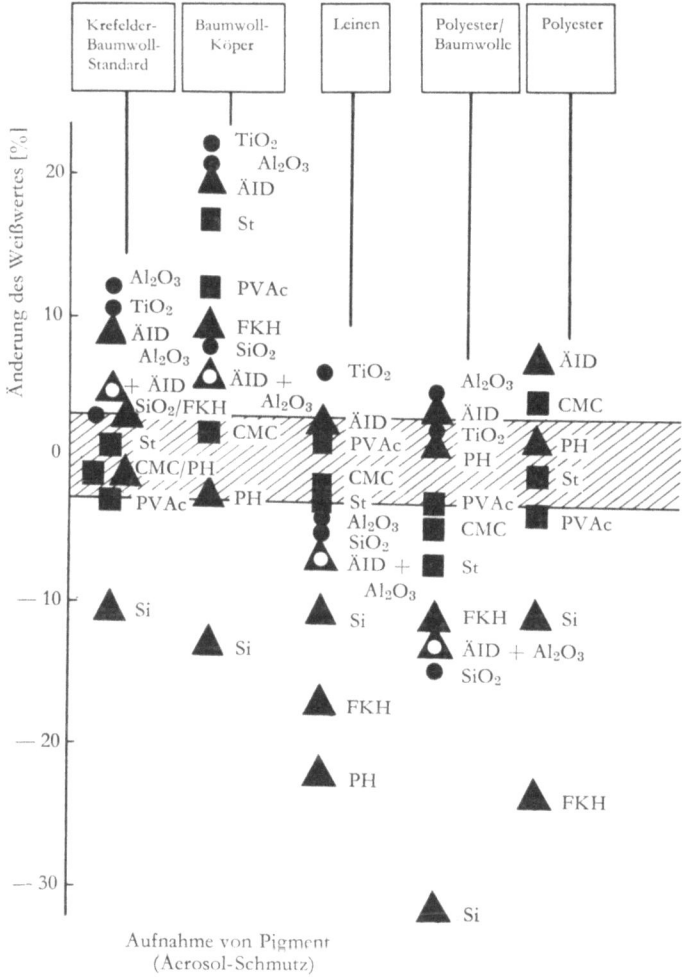

Abb. 7 Beeinflussung der Vergrauung während des Waschens (Redeposition) durch verschiedene Ausrüstungen an verschiedenen Geweben
Waschverfahren:
Waschdauer: 25 min
Waschmittel: 5 g Vollwaschmittel/l
Waschtemperatur: bis 90° C steigend
Füllverhältnis: 1:16
Flottenverhältnis: 1:5
Schmutzflotte: 0,2 g WFK-Pigment/l

Versuchsanordnung weniger die Waschwirkung in Erscheinung tritt, sondern vielmehr der Einfluß der auf der Faseroberfläche mechanisch oder chemisch gebundenen Ausrüstungsmittel auf die Pigmentadsorption. Die Änderung der Weißwerte ist in Abb. 7 dargestellt. Die Ergebnisse stehen in gewisser Relation zu den Ergebnissen der Abb. 5, die die Auswaschbarkeit der Pigmentverschmutzung zusammenfaßt.

Ein echter »schmutzabweisender« Effekt läßt sich an keinem Ausrüstungsmittel feststellen. Wohl aber ist bei der Mehrzahl der Ausrüstungen ein »schmutzaufnehmendes« Verhalten zu beobachten. Hierbei tritt besonders der Thermoplast PVAc in Erscheinung, der sich merklich schmutzaffiner als die Beschichtungsmittel mit harter Oberfläche (Stärke und Carboxymethylcellulose) verhält. Ebenfalls zeigt das kolloid-disperse Metalloxyd TiO_2 ein deutlich schmutzaffines Verhalten auf Baumwolle und Polyester, während auf Leinen kein negativer Effekt festzustellen ist. Hierbei ist die »Schmutzabweisung« den anderen Metalloxyden gleichwertig. Zu gleichen Ergebnissen, wenn auch schwächer in den Unterschieden, kommt man bei den Auswaschversuchen des Pigmentschmutzes, wie es in Abb. 5 dargestellt ist.

6. Auswaschbarkeit von Pigment/Wasser-Flecken

Die Auswaschbarkeit von Pigment/Wasser-Flecken ist in Tab. 7 zusammengestellt. Zunächst ist festzustellen, daß Faserart und Gewebekonstruktion von

Tab. 7 Auswaschbarkeit von Pigment/Wasser-Flecken
  5 g/l Vollwaschmittel, T = 90°C, Waschzeit = 30 min

Ausrüstung	Baumwolle Leinwandbindung	Köperbindung	Leinen	Polyester/Baumwolle	Polyester
ohne	2	2	–	1	–
St	3	2	2	2	–
PVAc	3	3	3	2	–
CMC	2	2	2	2	–
ÄJD	–	–	–	–	–
ÄJD + Al_2O_3	–	–	–	–	–
Si	2	–	–	2	–
PH	2	–	–	1	–
FKH	2	–	–	–	–
Al_2O_3	–	–	–	–	–
SiO_2	–	–	–	–	–
TiO_2	2	2	1	–	–

Zeichenerklärung
4 Pigmentfleck, vor dem Waschen
3 starker Pigmentfleck ⎫
2 mittelstarker Pigmentfleck ⎬ nach dem Waschen
1 schwacher Pigmentfleck ⎪
– kein Pigmentfleck ⎭

Bedeutung sind. Die endlose Polyesterfaser läßt die Pigmentflecken einwandfrei entfernen, wobei die Schmutzmenge und die Art der Ausrüstung keine Rolle spielen.

Dagegen wird der Einfluß der Ausrüstung bei den cellulosischen Fasern spürbar. Die Beschichtungsmittel erschweren die Entfernbarkeit der Pigmentflecken, wobei sich der Thermoplast PVAc deutlich negativ auswirkt. Hydrophobierungsmittel können sich günstig auswirken, soweit diese die Benetzbarkeit der Faser mit der Pigment/Wasser-Dispersion verhindern und nicht auf Grund des Harzanteils des Ausrüstungsmittels eine Einschlußmöglichkeit für Pigmentschmutz bieten. Die Metalloxyde Al_2O_3 und SiO_2 wirken »pigmentfleckabweisend«, obwohl diese eine vollständige Benetzung der Faser zulassen. Das kolloid-disperse Metalloxyd TiO_2 zeigt ein gegensätzliches Verhalten auf Baumwolle und Leinen. Diese Beobachtung steht im Einklang mit den Ergebnissen der Auswaschbarkeit von Trockenschmutz (Flugstaub) (vgl. Abb. 5) und der Vergrauung durch Waschen (vgl. Abb. 7).

7. Auswaschbarkeit von natürlichen, fleckbildenden Substanzen

Die Fleckanschmutzung mit wasser- bzw. wasser/öllöslichen bzw. dispergierten Farbstoff-Substanzen gehört ebenfalls in das Gebiet »Soiling-Antisoiling«. In Tab. 8 sind die »fleckschmutzabweisenden« Effekte nach einer 90°C-Wäsche an verschiedenen Ausrüstungen zusammengestellt. Auch hierbei ist wiederum zu bemerken, daß die Beschichtungsmittel, hauptsächlich auf den cellulosehaltigen Geweben, eine schlechtere Fleckentfernung hervorrufen. Von den wasserabweisenden Ausrüstungen zeigt das Äthyleniminderivat eine günstigere Auswaschbarkeit der Verfleckung auf Wasserbasis als die harzhaltigen Hydrophobierungsmittel. Interessant ist andererseits, daß die Verfleckungen auf Öl/Fett-Basis auf Cellulosefasern durch alle Ausrüstungen in der Auswaschbarkeit nachteilig beeinflußt werden, während auf der Polyesterfaser keine Beeinflussung festzustellen ist. Die verringerte Auswaschbarkeit von Ölen aus silikonausgerüsteten Textilfasern ist hinlänglich bekannt [12], für die ölabweisende Ausrüstung ist die behinderte Auswaschbarkeit um so interessanter. Die Ölabweisung der Fluorkarbonharz-Ausrüstung scheint sich ausschließlich auf die Benetzungsspannung und damit auf das verringerte oder beseitigte Saugvermögen zu beschränken. Die Entfernung von Ölen, die die Faseroberfläche genetzt haben, wird aus derart ausgerüsteten Geweben durch Naßbehandlung nicht unterstützt, sondern eher verzögert. Der Vorteil einer sogenannten Fluorkarbonharz-Ausrüstung ist anscheinend mehr darin zu suchen, daß das Öl in seinem Kriechvermögen im Garnverband behindert wird, also nur als lokalisierter Fleck auftritt und durch organische Fettlösungsmittel leicht und randlos zu entfernen ist [7, 8].

Mit der Steigerung der Waschtemperatur von 40°C auf 90°C wird zwar die Entfernbarkeit der Verfleckungen auf Wasserbasis verbessert, dagegen hat die Temperaturerhöhung auf die Entfernbarkeit der Ölflecken keinen sichtbaren Erfolg gezeigt.

Es ist also eine bemerkenswerte Übereinstimmung zwischen der Pigment/Wasser- und der natürlichen Verfleckung hinsichtlich der »fleckabweisenden« Wirkung bei Anwendung der verschiedenartigen Ausrüstungen und bei Vorhandensein der unterschiedlichen Faser- und Gewebearten festzustellen.

Tab. 8 *Auswaschbarkeit von Fleckverschmutzungen*
5 g/l Vollwaschmittel, T = 90° C, Waschzeit = 30 min

Krefelder Baumwoll-Standardgewebe, Leinwandbindung

Ausrüstung	Flecksubstanz								
	A	B	C	D	E	F	G	H	I
ohne	–	–	1	1	1	–	1	1	1
St	–	–	1	1	–	–	2	2	1
PVAc	1	1	2	2	1	–	2	2	2
CMC	–	–	1	1	–	–	2	2	2
ÄJD	–	–	–	–	–	–	2	2	2
ÄJD + Al$_2$O$_3$	–	1	–	–	–	–	2	2	2
Si	1	–	1	–	–	–	2	2	2
PH	–	–	1	1	1	–	1	1	1
FKH	–	–	–	–	–	–	1	1	2
SiO$_2$	–	1	2	2	1	–	2	2	2
Al$_2$O$_3$	–	1	2	2	1	–	2	2	2
TiO$_2$	–	2	2	2	2	–	2	2	2

Baumwollgewebe, Köperbindung

Ausrüstung	A	B	C	D	E	F	G	H	I
ohne	–	–	1	1	1	–	1	1	1
St	–	1	1	2	2	1	2	2	1
PVAc	–	1	2	2	1	1	2	2	1
CMC	1	1	1	1	1	1	2	2	2
ÄJD	–	–	–	–	–	–	2	2	2
ÄJD + Al$_2$O$_3$	1	1	–	–	–	–	2	2	1
Si	–	–	–	1	–	–	2	2	1
PH	–	–	1	1	–	–	2	2	2
FKH	–	–	–	–	–	–	2	2	2
SiO$_2$	1	2	2	2	1	–	2	2	2
Al$_2$O$_3$	1	2	2	2	2	–	2	2	2
TiO$_2$	1	2	2	2	2	1	2	2	2

Zeichenerklärung
3 Fleck, vor dem Waschen
2 starker Fleck ⎫
1 schwacher Fleck ⎬ nach dem Waschen
– kein Fleck ⎭

Flecksubstanz
A = Tinte
B = Kaffee
C = Tomatensauce
D = Senf
E = Rotwein
F = Bratensauce
G = Motorenöl
H = Sonnenschutzöl
I = Lippenstift

Tab. 8 (Fortsetzung)

Leinen, Atlasbindung

Ausrüstung	A	B	C	D	E	F	G	H	I
ohne	–	–	–	1	–	–	–	–	1
St	1	–	1	1	–	–	1	1	1
PCAc	–	–	1	–	–	–	1	1	2
CMC	1	–	1	1	–	–	1	1	1
ÄJD	1	–	–	–	1	–	–	1	1
ÄJD + Al_2O_3	1	1	–	–	–	–	2	1	2
Si	1	–	–	–	1	–	2	2	1
PH	1	–	1	1	1	–	1	1	2
FKH	–	–	–	–	–	–	1	1	2
SiO_2	1	1	1	1	1	–	1	1	1
Al_2O_3	2	2	1	1	2	–	–	–	1
TiO_2	–	1	1	–	–	–	–	–	1

Polyester/Baumwolle, Leinwandbindung

Ausrüstung	A	B	C	D	E	F	G	H	I
ohne	–	–	1	–	–	–	1	1	1
St	–	–	1	–	–	–	1	–	1
PVAc	–	–	1	1	1	–	2	2	1
CMC	–	–	1	1	–	–	1	1	1
ÄJD	–	–	–	–	–	–	1	–	1
ÄJD + Al_2O_3	–	1	–	–	–	–	1	1	2
Si	1	1	1	–	1	–	2	1	2
PH	2	–	1	1	2	–	1	1	1
FKH	–	–	–	–	–	–	1	1	1
SiO_2	–	–	1	1	1	–	2	2	2
Al_2O_3	–	–	1	1	1	–	2	2	2
TiO_2	–	1	–	–	1	–	2	2	2

Polyester, Leinwandbindung

Ausrüstung	A	B	C	D	E	F	G	H	I
ohne	–	–	–	–	–	–	–	–	1
St	–	–	–	–	–	–	–	–	1
PVAc	–	–	–	–	–	–	–	–	1
CMC	–	–	–	–	–	–	–	–	1
ÄJD	–	–	–	–	–	–	–	–	1
Si	–	–	–	–	–	–	–	–	1
PH	1	–	–	–	1	–	–	–	1
FKH	–	–	–	–	–	–	–	–	1

V. Zusammenfassung

Die Untersuchungen lassen erkennen, daß besonders Fasern mit spalten- und rissenreicher Oberfläche (z. B. Baumwolle) durch die Metalloxyde in ihrem Pigmentstaub-Aufnahmevermögen behindert werden, d. h., daß durch die Ausrüstung tatsächlich eine »Schmutzabweisung« erzielt wird. Bei glatten Faseroberflächen (z. B. Leinen, Polyester) ist die Wirkung der Metalloxyde nicht mehr deutlich feststellbar.

Dagegen haben die Auflagerungen mit kolloid-dispersen Metalloxyden keinen Einfluß auf die Pigmententfernung. Eine Sonderstellung nimmt Titandioxyd ein. Sowohl bei den Auswaschversuchen an Aerosol-Schmutz (fettfreies System) als auch bei den Rückwaschversuchen (Vergrauung durch Waschen, Redeposition) mit Pigmentschmutz zeigte Titandioxyd eine hervorragende Pigmentaffinität, die eine negative »Schmutzabweisung« zur Folge hat [63]. Gleiches Verhalten zeigen die Metalloxyde bei der Pigment-Wasser-Fleckentfernung. Auch hierbei ist eine »schmutzabweisende« Wirkung bei Anwendung von SiO_2 und Al_2O_3 und eine »schmutzanziehende« Wirkung bei Anwendung von TiO_2 festzustellen. Sobald Schmutz neben dem Pigment noch Fett (oder Öl) enthält, ist eine Ausrüstung mit Metalloxyden nicht zu empfehlen. Die Auflagerungen, die wohl die Unebenheiten der Faseroberfläche beseitigen, wirken ihrerseits als Schmutzabsorber, indem sie nun die Pigmente bevorzugt festhalten. Bei den natürlichen, farbstoffhaltigen Verfleckungen, die sowohl auf Wasser- als auch auf Ölbasis beruhen, zeigen die Metalloxyde ebenfalls ein ungünstiges Verhalten. Hierbei wird besonders die Fleckentfernung durch die Naßwäsche an Baumwolle, weniger an Leinen oder Polyester beeinträchtigt.

Nach BANDEL [3] hat sich die kolloid-disperse Kieselsäure als »pigmentschmutzabweisend« bewährt, wogegen der der Faser wesensfremde sandige Griff nachteilig ist, der aber durch kationaktive Produkte abgefangen werden kann.

Auch die Kombination mit einem Äthyleniminderivat wirkt in gleicher Richtung, wobei nun aber die »schmutzabweisende« Wirkung verringert wird.

Die vorliegenden Untersuchungen lassen erkennen, daß die Ausrüstung mit Stärke keinen »schmutzabweisenden« Effekt bei der Anschmutzung mit Flugstaub und während des Waschens der pigmentverschmutzten, aber fettfreien, Wäschestoffe zeigt. Auch auf die Rückvergrauung während des Waschvorganges ließ die Stärkeausrüstung keine »schmutzabweisende« Wirkung erkennen. Sogar negative Waschwirkungen zeigt diese Ausrüstung bei den Pigment-Wasser-Flecken und den natürlichen Fleckverschmutzungen. Ausschließlich bei den Waschversuchen mit pigment- und fettverschmutzten Baumwoll- und Polyestergeweben war im Sinne einer verbesserten Waschwirkung eine »Schmutzabweisung« gegenüber der unausgerüsteten Ware zu beobachten.

Die Untersuchungen zeigen keine Beeinflussung der Trockenschmutzaufnahme, der Auswaschbarkeit von Pigmentschmutz und der Pigmentaufnahme während des Waschvorganges (Rückvergrauung) durch die Anwesenheit von CMC auf dem Textil. Lediglich bei den Waschversuchen mit pigment- und fettverschmutzten Baumwoll- und Polyestergeweben war eine »Schmutzabweisung« im Sinne einer verbesserten Waschwirkung festzustellen. Die Ausrüstung mit CMC wirkt sich teilweise ungünstig auf die Auswaschbarkeit von Pigment/Wasser-Flecken und natürlichen Fleckverschmutzungen aus. Damit zeigt die Beschichtung mit CMC ähnliches Verhalten wie die Beschichtung mit Stärke.

Polyvinylacetat, welches als permanentes Versteifungsmittel in der Ausrüstung eingesetzt wird, soll nach HALL [24] und UTERMOHLEN [64] die Trockenanschmutzung verstärken und durch Hineindiffundieren der Pigmentteilchen während des Waschens in die Kunststoffauflage dem Textil eine permanente Vergrauung verabfolgen [26, 64, 66]. Im Gegensatz zu HALL und UTERMOHLEN konnte nach vorliegenden Versuchsergebnissen keine Beeinflussung der Trockenschmutzaufnahme erkannt werden. Auf die Auswaschbarkeit von Pigmentschmutz bzw. Pigment/Fett-Schmutz (soweit es sich um cellulosische Fasern handelt), auf die Pigmentaufnahme während des Waschprozesses (Rückvergrauung), auf die Auswaschbarkeit von Pigment/Wasser-Flecken und von natürlichen Verfleckungen zeigt die PVAc-Ausrüstung ein deutlich ungünstiges Verhalten.

Die wasser- und ölabweisenden Ausrüstungen nehmen ein großes Bearbeitungsfeld in der Literatur ein. Bei den in dieser Arbeit untersuchten Hydro- bzw. Oleophobierungen von cellulose- und polyesterhaltigen Geweben würden nur die permanenten, also diejenigen Ausrüstungen angewendet, deren Wirkung über einen gewissen Bereich von Waschbehandlungen erhalten bleibt.

Das Äthyleniminderivat reagiert mit den Hydroxylgruppen des Fasermoleküls unter Bildung eines Celluloseäthers und setzt damit die Benetzbarkeit (Hydrophilie) der Faseroberfläche herab, andererseits wird die Faseroberfläche mit einer oleophilen »Bürste« an hydrophoben Kohlenwasserstoffketten umgeben. Die reine Äthylenimin-Ausrüstung zeigt ein echtes schmutzabweisendes Verhalten, da es die Pigmentschmutzaufnahme durch Flugstaub merklich herabsetzt. Gegenüber Pigment/Wasser- und Farbstoff-Flecken auf Wasserbasis zeigt diese Ausrüstung ebenfalls hervorstechende Eigenschaften, denn diese Verfleckungen sind nach dem Waschgang einwandfrei entfernt. Sobald fetthaltige Stoffe an der Verschmutzung beteiligt sind, werden die schmutzabweisenden Eigenschaften sogar umgekehrt (z. B. auf der Baumwollfaser, dagegen nicht auf der Polyesterfaser). Die Kombination des Äthyleniminderivats mit einem kolloid dispersen Metalloxyd zeigt keine Addition der Effekte, sondern interessanterweise eine bemerkenswerte Depression. Es sollen hierbei keine spekulativen Überlegungen über das Warum und Wieso angestellt werden.

Der wasserabweisende Effekt der Silikon-Ausrüstung kann eine schmutzabweisende Wirkung zeigen, wenn es sich um Naßschmutz handelt, der in wäßriger Phase Pigmentteilchen suspendiert oder Farbstoff gelöst enthält [44].

Die vorliegenden Versuche zeigen, daß durch die Silikon-Ausrüstung die Aerosol-Verschmutzung, die Auswaschbarkeit einer Pigment- bzw. Pigment/Fett-Anschmutzung und die Schmutzaufnahme während des Waschprozesses (Rückvergrauung) negativ beeinflußt wird. Ebenfalls negativ verhält sich die Silikon-Ausrüstung bei fetthaltigen Verfleckungen, während dagegen bei wäßrigen Verfleckungen mit Pigmentschmutz oder mit Farbstoffen deutlich eine »Schmutzabweisung« zu beobachten ist. Die Silikon-Ausrüstung hat ihre Stärke in der Wasserabweisung und verhindert damit den Transport der Pigmente oder Farbstoffe durch das wäßrige Medium an die Faseroberfläche. In Waschmittellösungen wird die Wasserabweisung durch die Netzwirkung des Waschmittels aufgehoben und durch den Anteil an Kunstharzeinlagen (zur Verbesserung der Knitterechtheit und zur Verbesserung des wasserabweisenden Effektes) die Fixierung der Pigmentteilchen in der Harzschicht gefördert.

Praktisch gleiches Verhalten wie die Silikone zeigt die ölabweisende Ausrüstung mit Fluorkarbonharzen. Interessant erscheinen allerdings die Versuche der Ölverfleckungen. Sobald ein Öl oder Fett die Faseroberfläche genetzt hat, trotz der Fluorkarbonausrüstung, ist die Entfernung dieser Flecksubstanz durch übliche Waschbehandlungen nicht mehr möglich. Hierbei übernimmt die Ölabweisung die gleiche Funktion wie die Wasserabweisung, nämlich eine Herabsetzung der Anhaftbarkeit für Öl bzw. für Wasser, so daß ein Spreiten oder Netzen verhindert wird. Dieser Effekt wird erzielt durch das Vorhandensein einer niedrigen Elektronendichte an den CF_3- und CF_2-Gruppen der fluorierten Alkylketten [63] und kommt damit zu einer starken innermolekularen Absättigung, die zu geringen VAN DER WAALSschen Kräften und niedrigen Kohäsionskräften führt. Sobald das Netzvermögen durch die Anwesenheit von grenzflächenaktiven Substanzen wieder erhöht wird, ist die Öl- bzw. Wasserabweisung durch die Fluorkarbon-Ausrüstung so weit erniedrigt, daß der Ölschmutz wieder die Faser benetzen kann. Die genetzte Faseroberfläche ist dann durch übliche Waschbehandlungen ungenügend zu reinigen.

Die in dieser Arbeit verwendeten Textilien wurden hauptsächlich als Wäschestoffe eingesetzt. Es hat sich nun gezeigt, daß die in anderen Bereichen (z. B. Oberbekleidung, Dekoration, Teppiche) bekannten schmutzabweisenden Ausrüstungen auch auf dem Sektor der Wäschestoffe zu in etwa gleichen Ergebnissen führen. Das bedeutet, daß gewisse Ansatzpunkte für ein »schmutzabweisendes« Verhalten vorhanden sind, die einerseits die Schmutzaufnahme behindern und die Schmutzentfernung unterstützen können.

Dr. rer. nat. EBERHARD F. WAGNER

VI. Literaturverzeichnis

[1] Atomic Energy Commission, Handbook of Aerosols (1950).
[2] ADAM, N. K., The Physics and Chemistry of Surfaces, 3rd Ed., Oxford Univ. Press. London (1941).
[3] BANDEL, W., Mell. Textilber. 38, 648 (1957).
[4] BERCH, J., und H. PEPER, Textile Res. J. 33, 137 (1963).
[5] BERNI, R. J., R. R. BENERITO und F.-J. PHILLIPS, Text. Res. J. 30, 576 (1960).
[6] BEY, K. H., Fette, Seifen, Anstrichm. 65, 611 (1963).
[7] BROWN, C. B., Research 1, 46 (1947).
[8] COMPTON, J., und W. J. HART, Ind. Eng. Chem. 43, 1564 (1951).
[9] DITHMAR, K., Mell. Textilber. 33, 957 (1952).
[10] DITHMAR, K., Textil-Praxis 8, 383 (1953).
[11] DITHMAR, K., Textil-Praxis 10, 1134 (1955).
[12] ENDERS, H., und H. NEUWIRTH, Mell. Textilber. 39, 309 (1958).
[13] ENDERS, H., und H. K. WIEST, Mell. Textilber. 41, 1135 (1960).
[14] ENDERS, H., und H. K. WIEST, Textil-Rdschau 16, 531 (1961).
[15] FLORIO, P. A., und E. P. MERSEREAU, Textile Res. J. 25, 642 (1955).
[16] FONG, W., und W. H. WARD, Textile Res. J. 24, 881 (1954).
[17] FOX, H. W., und W. A. ZISMAN, J. Coll. Science 5 (1950).
[18] GETCHELL, N. F., Textile Res. J. 25, 1 (1955).
[19] GOLDSTEIN, H. B., Textile Res. J. 31, 377 (1961).
[20] GÖTTE, E., Mell. Textilber. 34, 754 (1953).
[21] GÖTTE, E., W. KLING und H. MAHL, Mell. Textilber. 35, 1252 (1954).
[22] GRAJECK, E. J., und W. H. PETERSEN, Amer. Dyest. Rep. 48, 37 (1959).
[23] GRAJECK, E. J., und W. H. PETERSEN, Amer. Dyest. Rep. 51, 704 (1962).
[24] HALL, A. J., Textile Mercury and Argus 367 (1951).
[25] HART, W. J., und J. COMPTON, Ind. Eng. Chem. 44, 1135 (1952).
[26] HEIMANN, S., Z. ges. Textilind. 64, 114 (1962).
[27] HENNO, J., und R. JOUHET, Bull. inst. textile France 17, 63 (1950).
[28] HOYT, L. F., Soap. Sanit. Chemicals 24, 42 (1948).
[29] ILG, J., Textil-Praxis 19, 520 (1964). Forschungsbericht des Landes Nordrhein-Westfalen Nr. 1437.
[30] IVES, J. E., etal. Publ. Health Bull. 224, US-Treasury Dept. Public Health Service, Washington D. C. (1936).
[31] JARREL, J. G., und H. B. TROST, Soap. Sanit. Chemicals 28, 50, 163 (1952).
[32] KLING, W., und H. MAHL, Mell. Textilber. 32, 131 (1951).
[33] KLING, W., und H. MAHL, Mell. Textilber. 33, 32 (1952).
[34] KLING, W., und H. MAHL, Mell. Textilber. 33, 328 (1952).
[35] KLING, W., und H. MAHL, Mell. Textilber. 33, 829 (1952).
[36] KLING, W., CHR. LANGNER-IRLE und TH. NEMETSCHEK, Mell. Textilber. 39, 879 (1958).
[37] KLING, W., Wäschereitechnik und -Chemie 12, 542 (1959).
[38] KRUEGER, P., Z. ges. Textilind. (Klepzig's) 39, 221 (1936).

[39] LEONARD, E. A., AATCC, Amer. Dyest. Rep. 41, 322 (1952).
[40] LINDNER, K., Fette, Seifen, Anstrichm. 65, 96 (1963).
[41] MASLAND, C. H., Rayon Textile, Monthyl 20, 473, 654 (1939).
[42] MILLER, J. E., Amer. Dyest. Rep. 47, 933 (1958).
[43] N. N. Washington Section AATCC, Amer. Dyest. Rep. 43, 751 (1954).
[44] NOLL, W., Chem. u. Technol. d. Silicone, Verlag Chemie, Weinheim a. d. Bergstraße 379 (1960).
[45] NUESSLE, A. C., L. M. NAGELEY und E. O. J. HEIGES, Textile Res. J. 33, 146 (1963).
[46] OLDENROTH, O., Fette, Seifen, Anstrichm. 61, 1142, 1220 (1959); 62, 13 (1960).
[47] PHILLIPS, F. J., L. SEGAL und L. LOEB, Textile Res. J. 27, 369 (1957).
[48] PORTER, B. R., CH. L. PEACOCK, V. W. TRIPP und M. L. ROLLINS, Textile Res. J. 27, 833 (1957).
[49] RUILE, H., Mell. Textilber. 38, 313 (1957).
[50] SALSBURY, J. M., T. F. COOKE, E. S. PIERCE und P. H. B. ROTH, Amer. Dyest. Rep. 45, 190 (1956).
[51] SANDERS, H. L., und J. M. LAMBERT, J. Amer. Oil Chemists Soc. 27, 153 (1950).
[52] SCOTT, W. M., Amer. Dyest. Rep. 40, 475 (1951).
[53] SEGAL, L., F. J. PHILLIPS, L. LOEB und R. L. CLAYTON, Textile Res. J. 28, 233 (1958).
[54] SHAFRIN, E. G., und W. A. ZISMAN, J. Phys. Chem. 61, 1046 (1957).
[55] SHAFRIN, E. G., und W. A. ZISMAN, J. Phys. Chem. 64, 519 (1960).
[56] SNELL, F. D., C. T. SNELL und J. REICH, J. Amer. Oil Chemists Soc. 27, 62 (1950).
[57] SORKIN, M., Textil-Rdschau 16, 612 (1961).
[58] STACKELBERG, M. V., W. KLING, W. BENZEL und F. WILKE, Koll. Z. 135, 67 (1954).
[59] STOUT, L. E., und K. F. SCHRIEMEIER, Ind. Eng. Chem. 25, 1403 (1933).
[60] STRAUSS, W., Koll. Ztschr. 150, 134 (1957).
[61] STUDER, C. W., Carpet Dirt Research, Bull. by the Hoover Co., North Canton, Ohio.
[62] STUKENBROCK, K. H., Reyon, Zellwolle u. a. Chemiefasern 8, 868 (1958).
[63] TRIPP, V. W., K. L. CLAYTON und B. R. PORTER, Textile Res. J. 27, 340 (1957).
[64] UTERMOHLEN, W. P., JR. M. E. RYAN und D. O. YOUNG, Textile Res. J. 21, 510 (1951).
[65] UTERMOHLEN, W. P., Textile Res. J. 19, 489 (1949).
[66] VIERTEL, O., Wäschereitechnik und -chemie 11, 384 (1958).
[67] VIERTEL, O., Wäschereitechnik- und -chemie 9, 597 (1954).
[68] WAGNER, E. F., Chemiefasern 11, 187, 410, 477 (1961).
[69] WEATHERBURN, A. S., und C. H. BAYLEY, Textile Res. J. 25, 549 (1955).
[70] WELTZIEN, W., und G. HAUSCHILD, Mell. Textilber. 37, 695 (1956).
[71] WHITNEY, K. L., und J. W. CHAPPEL, Amer. Dyest. Rep. 43, 143 (1954).
[72] WICKLEIN, A., Faserforschung und Textiltechn. 8, 230 (1957).
[73] WICKLEIN, A., Deutsche Textiltechn. 7, 264 (1957).
[74] ZISMAN, W. A., NRL Rep. 4932 Mai 15 (1957).

FORSCHUNGSBERICHTE
DES LANDES NORDRHEIN-WESTFALEN

Herausgegeben im Auftrage des Ministerpräsidenten Dr. Franz Meyers
von Staatssekretär Prof. Dr. h. c. Dr.-Ing. E. h. Leo Brandt

Textilforschung

Gliederungsübersicht

Allgemeines, Textilphysik, Textilchemie, Textilrohstoffe

Raumklima in Textilindustriebetrieben; insbesondere elektrostatische Raumluftauflading und relative Luftfeuchtigkeit

Spinnereivorbereitung (Verfahren und Maschinen)

Spinnerei und Zwirnerei (Verfahren und Maschinen)

Nachbehandlung von Garnen und Zwirnen

Beurteilung fertiger Garne und Zwirne nach Herstellungsverfahren und Eigenschaften

Webereivorbereitung (Verfahren und Maschinen)

Weberei (Verfahren und Maschinen)

Beurteilung von Geweben und anderen textilen Flächengebilden nach Herstellungsverfahren und Eigenschaften

Textilveredlung (Bleichen, Färben, Drucken, Ausrüsten)

Arbeitsvorgänge und Maschinen in der Bekleidungsindustrie

Gebrauchsfragen einschließlich Wäscherei und Chemischreinigung

Textilprüfverfahren, Textilprüfgeräte

Betriebswirtschaftliche Untersuchungen auf dem Textilgebiet

Volkswirtschaftliche Untersuchungen auf dem Textilgebiet

Allgemeines, Textilphysik, Textilchemie, Textilrohstoffe

HEFT 34
Textilforschungsanstalt Krefeld
Quellungs- und Entquellungsvorgänge bei Faserstoffen
1953. 45 Seiten, 14 Abb., 13 Tabellen. DM 9,80

HEFT 35
Prof. Dr. phil. nat. Wilhelm Kast, Krefeld
Feinstruktur-Untersuchungen an künstlichen Zellulosefasern verschiedener Herstellungsverfahren
1953. 68 Seiten, 30 Abb., 7 Tabellen. DM 13,80

HEFT 64
Textilforschungsanstalt Krefeld
Die Kettenlängenverteilung von hochpolymeren Faserstoffen
Über die fraktionierte Fällung von Polyamiden
1954. 33 Seiten, 13 Abb. DM 8,60

HEFT 93
Prof. Dr. phil. nat. Wilhelm Kast, Krefeld
Spinnversuche zur Strukturerfassung künstlicher Zellulosefasern
1954. 69 Seiten, 39 Abb., 6 Tabellen. DM 16,—

HEFT 173
Prof. Dr. phil. nat. Rolf Hosemann und
Dipl.-Phys. Günter Schoknecht, Berlin, vorgelegt von
Prof. Dr. phil. nat. Wilhelm Kast, Krefeld
Lichtoptische Herstellung und Diskussion der Faltungsquadrate parakristalliner Gitter
1956. 93 Seiten, 63 Abb., 6 Tabellen. DM 24,70

HEFT 260
Prof. Dr. phil. nat. Wilhelm Kast, Freiburg
Prof. Dr. A. H. Stuart und
Dipl.-Phys. H. G. Fendler, Hannover
Lichtzerstreuungsmessungen an Lösungen hochpolymerer Stoffe
1956. 58 Seiten, 20 Abb., 5 Tabellen. DM 15,60

HEFT 261
Prof. Dr. phil. nat. Wilhelm Kast, Freiburg
Feinstruktur-Untersuchungen an künstlichen Zellulosefasern verschiedener Herstellungsverfahren
Teil II: Der Kristallisationszustand
1956. 67 Seiten, 27 Abb., 11 Tabellen. DM 17,20

HEFT 301
Prof. Dr. rer. nat. Wilhelm Weltzien,
Dr. rer. nat. Gerda Cossmann und Peter Diehl,
Textilforschungsanstalt Krefeld
Über die fraktionierte Fällung von Polyamiden (II)
1956. 42 Seiten, 1 Abb., 16 Tabellen. DM 11,30

HEFT 433
Dr.-Ing. Günther Satlow,
Deutsches Wollforschungs-Institut an der Rhein.-Westf.
Technischen Hochschule Aachen
Über einige physikalische und chemische Eigenschaften der Wolle von der gewaschenen Wolle bis zum Kammzug
1957. 62 Seiten, 15 Abb., 19 Tabellen. DM 15,25

HEFT 614
Prof. Dr. rer. nat. Wilhelm Weltzien,
Priv.-Doz. Dr. rer. nat. habil. Johannes Juilfs und
Dr. rer. nat. Werner Bubser, Krefeld
Die Textilforschungsanstalt Krefeld 1920–1958
Ein Bericht zur Einweihung ihres Neubaus Frankenring 2
1958. 78 Seiten, 11 Abb., 5 Baupläne. DM 23,80

HEFT 731
Dr.-Ing. Günther Satlow,
Deutsches Wollforschungs-Institut an der Rhein.-Westf.
Technischen Hochschule Aachen
Hautwolle und Schurwolle. Eine Gegenüberstellung ihrer wichtigsten chemischen und physikalischen Eigenschaften
1959. 96 Seiten, 4 Abb., 31 Tabellen. DM 23,60

HEFT 790
Prof. Dr. phil. nat. Wilhelm Kast, Freiburg
und Dipl.-Ing. Victor Elsaesser, Freiburg
Fließvorgänge in der Spinndüse und dem Blaukonus des Cuoxam-Verfahrens
1960. 131 Seiten, 59 Abb., 37 Tabellen. DM 36,50

HEFT 839
Prof. Dr. rer. nat. habil. Johannes Juilfs, Krefeld
Zur Bestimmung der Absolutdichte von Fasern
1960. 24 Seiten, 5 Abb., 3 Tabellen. DM 8,10

HEFT 879
Dipl.-Chem. Dr. rer. nat. Hans-Günther Fröhlich,
Forschungsinstitut der Hutindustrie e. V.,
Mönchengladbach
Einsatz von künstlichen Eiweißfasern in Mischung mit Wolle und Kaninhaar zur Herstellung von Hutfilzen
1960. 41 Seiten, 15 Abb., 10 Tabellen. DM 12,90

HEFT 1084
Dr.-Ing. Günther Satlow,
Deutsches Wollforschungsinstitut an der Rhein.-Westf.
Technischen Hochschule Aachen
Charakteristische Eigenschaften von Rohwollen
1962. 67 Seiten, 15 Abb., 11 Tabellen. DM 33,80

HEFT 1106
Dr. rer. nat. Werner Bubser und
Dr. rer. nat. Walter Fester,
Textilforschungsanstalt, Krefeld
Quell- und Lösereaktionen an Polyesterfasern zur Untersuchung von deren Veränderungen und Schädigungen
1962. 34 Seiten, 14 Abb., 13 Tabellen. DM 16,—

HEFT 1132
*Dr. rer. nat. Werner Bubser und
Dr. rer. nat. Walter Fester,
Textilforschungsanstalt, Krefeld*
Untersuchungen über die Anwendung der Trübungstitration bei Polyamiden
1962. 33 Seiten, 19 Abb. DM 14,50

HEFT 1154
*Dr.-Ing. Günter Blankenburg,
Deutsches Wollforschungsinstitut an der Rhein.-Westf.
Technischen Hochschule Aachen*
Chemische und physikalische Eigenschaften von unveränderter und veränderter Wolle in Beziehung zum Filzvermögen
1963. 96 Seiten, 38 Abb., 35 Tabellen. DM 43,80

HEFT 1156
*Dr. rer. nat. Hans Hendrix und
Dr. rer. nat. Walter Fester,
Textilforschungsanstalt, Krefeld*
Potentiometrische Endgruppenbestimmung an synthetischen Fasern
Die Bestimmung der sauren Endgruppen an Polyester- und Polyacrylnitrilfasern
1963. 23 Seiten, 3 Abb., 2 Tabellen. DM 10,70

HEFT 1157
*Dr. rer. nat. Walter Fester und
Dr. rer. nat. Hans Hendrix,
Textilforschungsanstalt, Krefeld*
Analytische Untersuchungen an Polyacrylnitril- und Polyesterfasern
1963. 25 Seiten, 5 Abb., 5 Tabellen. DM 10,40

HEFT 1205
*Dr. rer. nat. Werner Bubser,
Textilforschungsanstalt, Krefeld*
Vergleichende Bestimmungen des Schmelzpunktes an synthetischen Faserstoffen
1963. 25 Seiten, 5 Abb., 9 Tabellen. DM 11,80

HEFT 1212
Dr. rer. nat. Heimo Pfeifer, Textil-Technisches Institut der Vereinigten Glanzstoff-Fabriken AG und Deutsches Wollforschungsinstitut an der Rhein.-Westf. Technischen Hochschule Aachen
Über den Abbau von Polyesterfasern durch Hydrolyse und Aminolyse
1964. 107 Seiten, 54 Abb., 30 Tabellen. DM 61,50

HEFT 1278
*Prof. Dr.-Ing. Paul-August Koch und
Dr. rer. nat. Maria Stratmann,
Ingenieurschule für Textilwesen, Krefeld*
Verfahren zur Erkennung und Untersuchung von Chemiefaserstoffen: I. Polyacrylnitril- und Multipolymerisat-Faserstoffe
1964. 105 Seiten, 71 Abb., 8 Tabellen. DM 68,50

HEFT 1300
Dr. rer. nat. Werner Bubser, Textilforschungsanstalt Krefeld
Einfluß der Trocknungsbedingungen beim Schlichten auf die technologischen Eigenschaften und die Entschlichtbarkeit bei Chemiefasern auf Zellulosebasis
1963, 49 Seiten, 32 Tabellen. DM 19,80

HEFT 1434
Dr. rer. nat. Walter Fester, Textilforschungsanstalt, Krefeld
Untersuchungen zur Verbesserung der Hitzebeständigkeit von Polyamidfasern
In Vorbereitung

HEFT 1435
*Prof. Dr. rer. nat. Wilhelm Weltzien † und
Dr. rer. nat. Hans Hendrix,
Textilforschungsanstalt, Krefeld*
Einfluß der Thermofizierung auf die Eigenschaften von Polyestergewebe
In Vorbereitung

HEFT 1436
*Prof. Dr.-Ing. H. Zahn und Dr. rer. nat. F. Schade,
Deutsches Wollforschungsinstitut an der Rhein.-Westf. Technischen Hochschule Aachen*
Untersuchung bifunktioneller Reaktionen zur Einlagerung von Polymeren in Kollagen
In Vorbereitung

HEFT 1465
Prof. Dr.-Ing. H. Zahn, Dr. F. W. Kunitz und Dr. H. Meichelbeck, Deutsches Wollforschungsinstitut an der Rhein.-Westf. Technischen Hochschule Aachen
Die irreversible Aggregierung cystinhaltiger Proteine durch Thioätherbildung
In Vorbereitung

HEFT 1466
Dr. rer. nat. Maria Stratmann, Ingenieurschule für Textilwesen, Krefeld
Verfahren zur Erkennung und Unterscheidung von Chemiefaserstoffen
In Vorbereitung

HEFT 1475
Prof. Dr.-Ing. Helmut Zahn und Dr. rer. nat. Herbert Meichelbeck, Deutsches Wollforschungsinstitut an der Rhein.-Westf. Technischen Hochschule Aachen
Die Funktion des Cysteins bei der Lanthioninquervernetzung von Wollkeratin
In Vorbereitung

HEFT 1479
Dr. rer. nat. Werner Bubser und Dr. rer. nat. Walter Fester, Textilforschungsanstalt Krefeld
Quell- und Lösereaktionen an Polyacrylnitrilfasern zur Erkennung einer Hitzebehandlung
Beeinflussung von Polyamidfasern durch Wasserstoffsuperoxydbleichen
Die Aufnahme von Temperatur-Längungs-Schrumpfungs-Kurven synthetischer Fasern
In Vorbereitung

HEFT 1485
Dr. rer. nat. Werner Bubser und cand. chem. Wolfgang Lilie, Textilforschungsanstalt Krefeld
Die Beeinflussung diazotierter, nicht gekuppelter Färbungen durch Leuchtstofflampen während des Färbeprozesses
In Vorbereitung

Raumklima in Textilindustriebetrieben; insbesondere elektrostatische Raumluftaufladung und relative Luftfeuchtigkeit

HEFT 273
Karl H. W. Tacke, Wuppertal-Barmen
Erfahrungen beim Verspinnen von Perlonfasern und bei der Herstellung von Trikotagen aus gesponnenem Perlon *1956. 25 Seiten. DM 7,90*

HEFT 897
Prof. Dr.-Ing. Walther Wegener und Dipl.-Ing. Dieter Quambusch, Institut für Textiltechnik der Rhein.-Westf. Technischen Hochschule Aachen
Zusammenhang zwischen dem Raumklima und der elektrostatischen Aufladung des Spinnmaterials
1960. 81 Seiten, 44 Abb., 5 Tabellen. DM 23,90

HEFT 1119
Prof. Dr. Hans Israel, Rhein.-Westf. Technische Hochschule Aachen, Dozentur für Geophysik und Meteorologie, Dipl.-Ing. Heinrich Bücker
Raumklimatische Untersuchungen im Zusammenhang mit Spinnereiproblemen unter besonderer Berücksichtigung der elektrischen Eigenschaften klimatisierter Luft
1963. 193 Seiten, 69 Abb., 15 Tabellen. DM 86,—

HEFT 1319
Prof. Dr.-Ing. Walther Wegener und Dr.-Ing. E. Günther Hoth, Institut für Textiltechnik der Rhein.-Westf. Technischen Hochschule Aachen
Ermittlung der Grundlungen über die Raumluftaufladung und Auswirkungen bei der Verarbeitung von Faserverbänden
1964. 71 Seiten, 34 Abb., 6 Tabellen. DM 33,—

Spinnereivorbereitung (Verfahren und Maschinen)

HEFT 97
Obering. Herbert Stein, Mönchengladbach
Untersuchungen der Verzugsvorgänge an den Streckwerken verschiedener Spinnereimaschinen
2. Bericht: Ermittlung der Haft-Gleiteigenschaften von Faserbändern und Vorgarnen
1955. 84 Seiten, 54 Abb. DM 21,—

HEFT 397
Dipl.-Ing. Waldemar Rohs und Dipl.-Ing. Rudolf Otto, Technisch-Wissenschaftliches Büro für die Bastfaserindustrie, Bielefeld
Ungleichmäßigkeiten in Bändern von Bastfaserkarden, ihre Ursachen und Auswirkungen
1957. 48 Seiten, 18 Abb., 42 Diagramme. DM 14,80

HEFT 435
Dipl.-Ing. Waldemar Rohs und Dipl.-Ing. Ludwig Steinmetz, Technisch-Wissenschaftliches Büro für die Bastfaserindustrie, Bielefeld
Die Massenungleichmäßigkeit von Flachsstreckenbändern in Abhängigkeit von Verzug und Dopplung *1957. 29 Seiten, 4 Abb., 2 Tabellen. DM 9,90*

HEFT 479
Prof. Dr.-Ing. Walther Wegener und Dipl.-Ing. Herbert Fourné, Institut für Textiltechnik der Rhein.-Westf. Technischen Hochschule Aachen
Ursache des Überschreitens der Toleranzgrenze nach oben oder unten (Meter pro Gramm) an der Strecke
1957. 47 Seiten, 17 Abb., 3 Tabellen. DM 14,60

HEFT 609
Dipl.-Ing. Waldemar Rohs und Dipl.-Ing. Ludwig Steinmetz, Technisch-Wissenschaftliches Büro für die Bastfaserindustrie, Bielefeld
Verteilung der Bastfasern im Verzugsfeld einer Nadelabstrecke
1958. 42 Seiten, 10 Abb., 2 Tabellen. DM 13,45

HEFT 732
Dipl.-Ing. Waldemar Rohs und Dipl.-Ing. Rudolf Otto, Technisch-Wissenschaftliches Büro für die Bastfaserindustrie, Bielefeld
Messung von Verzugskräften in Nadelfeldern von Bastfaserstrecken
1959. 40 Seiten, 9 Abb., 7 Tabellen. DM 11,60

HEFT 818
Prof. Dr.-Ing. Walther Wegener, Institut für Textiltechnik der Rhein.-Westf. Technischen Hochschule Aachen
Grundlegende Untersuchungen zur Frage der Spinnavivierung von Rohbaumwolle
1959. 33 Seiten, 20 Abb. DM 10,70

HEFT 846
*Obering. Herbert Stein und Ing. Martin Eidelsburger,
Institut für textile Meßtechnik, Mönchengladbach*
Untersuchungen an Baumwollkarden zwecks Ermittlung der Fehlerursachen für Dickeschwankungen   *1960. 46 Seiten, 23 Abb. DM 14,30*

HEFT 847
*Obering. Herbert Stein und Ing. Martin Eidelsburger,
Institut für textile Meßtechnik, Mönchengladbach*
Untersuchungen über den Ablauf der Arbeitsvorgänge bei Schlagmaschinen in Baumwoll- und Zellwollaufbereitungsanlagen
1960. 54 Seiten, 29 Abb. DM 16,70

HEFT 896
*Prof. Dr.-Ing. Walther Wegener,
Institut für Textiltechnik der Rhein.-Westf. Technischen Hochschule Aachen*
Einfluß der höheren Vorgarndrehung geflyerter Lunten auf die Ungleichmäßigkeit und die dynamometrischen Eigenschaften des fertigen Garnes
1960. 27 Seiten, 12 Abb., 3 Tabellen. DM 9,20

Spinnerei und Zwirnerei
(Verfahren und Maschinen)

HEFT 13
Technisch-Wissenschaftliches Büro für die Bastfaserindustrie, Bielefeld
Das Naßspinnen von Bastfasergarnen mit chemischen Zusätzen zum Spinnbad
1952. 57 Seiten, 4 Abb., 19 Tabellen. DM 10,—

HEFT 238
*Obering. Herbert Stein,
Institut für textile Meßtechnik, Mönchengladbach*
Untersuchung der Verzugsvorgänge an den Streckwerken verschiedener Spinnereimaschinen
3. Bericht: Theoretische Betrachtungen über den Einfluß schlagender Zylinder und Druckrollen
1956. 56 Seiten, 21 Abb. DM 14,10

HEFT 340
*Dipl.-Ing. Waldemar Rohs und Dipl.-Ing. Rudolf Otto,
Technisch-Wissenschaftliches Büro für die Bastfaserindustrie, Bielefeld*
Das Naßspinnen von Bastfasergarnen mit Spinnbadzusätzen unter Ausnutzung einer zentralen Spinnwasserversorgungsanlage
1956. 42 Seiten, 2 Abb., 6 Tabellen. DM 11,60

HEFT 378
*Obering. Herbert Stein,
Institut für textile Meßtechnik, Mönchengladbach*
Beobachtung und meßtechnische Erfassung der Vorgänge im Spinn- und Aufwindefeld von Ringspinn- und Ringzwirnmaschinen
1957. 91 Seiten, 88 Abb., 3 Tabellen. DM 26,90

HEFT 918
Institut für textile Meßtechnik, Mönchengladbach
Untersuchungen der Verzugsvorgänge an den Streckwerken verschiedener Spinnereimaschinen
4. Bericht: Ermittlung des Einflusses verschiedener Streckwerkseinstellungen und der verwendeten Konstruktionsteile auf die Verzugsvorgänge
1960. 43 Seiten, 5 Abb., 3 Tabellen. DM 13,70

HEFT 920
*Dipl.-Ing. Rudolf Otto und
Textil-Ing. Manfred Le Claire, Technisch-Wissenschaftliches Büro für die Bastfaserindustrie, Bielefeld*
Fadenspannungen beim Naßringspinnen von Bastfasern in ihrer Abhängigkeit von Fadenführung und Gestaltung von Ring und Läufer
1960. 54 Seiten, 18 Abb., 14 Tabellen. DM 16,40

HEFT 937
*Dipl.-Ing. Waldemar Rohs, Dipl.-Ing. Rudolf Otto und
Textil-Ing. Hugo Griese, Technisch-Wissenschaftliches Büro für die Bastfaserindustrie, Bielefeld*
Trockenspinnverfahren für Leinengarne und Einsatz trocken gesponnener Garne in der Leinenweberei
1960. 56 Seiten, 14 Abb., 14 Tabellen. DM 19,90

HEFT 1166
*Obering. Herbert Stein,
Institut für textile Meßtechnik, Mönchengladbach*
Vergleich des Band-Spinnens von Baumwolle und Chemiefasern (ohne Fleyerpassage) mit dem klassischen Baumwollspinnverfahren
1963. 79 Seiten, 35 Abb. DM 36,80

HEFT 1314
Prof. Dr.-Ing. Walther Wegener und Dr.-Ing. Hans Peuker, Institut für Textiltechnik der Rhein.-Westf. Technischen Hochschule Aachen
Einfluß verschiedener Endstrecken bei verkürzten Kammgarn-Spinnverfahren auf die Ungleichmäßigkeit und auf die dynamometrischen Eigenschaften von Mischgespinsten aus Wolle und kunstgeschaffenen Fasern
1964. 77 Seiten, 31 Abb., 5 Tabellen. DM 45,—

HEFT 1333
*Dipl.-Ing. Waldemar Rohs und Dipl.-Ing. Rudolf Otto,
Technisch-Wissenschaftliches Büro für die Bastfaserindustrie, Bielefeld*
Untersuchungen über Fasermischungen in der Bastfaserwergspinnerei
1963. 28 Seiten, 4 Abb., 5 Tabellen. DM 13,40

HEFT 1335
Prof. Dr.-Ing. Walther Wegener und Dipl.-Ing. Peter Ehrler, Institut für Textiltechnik der Rhein.-Westf. Technischen Hochschule Aachen
Eine Analyse der Vorgarnschwankungen an Streichgarn-Krempelassortimenten
1964. 127 Seiten, 31 Abb., 5 Tabellen. DM 73,50

Nachbehandlung von Garnen und Zwirnen

HEFT 20
Technisch-Wissenschaftliches Büro für die Bastfaserindustrie, Bielefeld
Trocknung von Leinengarnen I:
Vorgang und Einwerkung auf die Garnqualität
1953. 56 Seiten, 18 Abb., 5 Tabellen. DM 12,—

HEFT 21
Technisch-Wissenschaftliches Büro für die Bastfaserindustrie, Bielefeld
Trocknung von Leinengarnen II:
Kreuzspultrocknung. Vorgang und Einwirkung auf die Garnqualität
1953. 60 Seiten, 22 Abb., 10 Tabellen. DM 13,—

HEFT 79
Technisch-Wissenschaftliches Büro für die Bastfaserindustrie, Bielefeld
Trocknung von Leinengarnen III:
Spinnspulen- und Spinnkopstrocknung.
Vorgang und Einwirkung auf die Garnqualität
1954. 61 Seiten, 18 Abb., 10 Tabellen. DM 14,—

HEFT 172
Dipl.-Ing. Waldemar Robs, Dr.-Ing. Günther Satlow und Textil-Ing. Gustav Heller, Technisch-Wissenschaftliches Büro für die Bastfaserindustrie, Bielefeld
Trocknung von Hanfgarnen
Kreuzpulttrocknung
1955. 60 Seiten, 7 Abb., 4 Tabellen, DM 10,30

HEFT 185
Dipl.-Ing. Waldemar Robs und Textil-Ing. Gustav Heller, Bielefeld
Studien an einem neuzeitlichen Kreuzspultrockner für Bastfasergarne mit Wiederbefeuchtungszone
1955. 39 Seiten, 9 Abb., 3 Tabellen. DM 10,70

HEFT 442
Dipl.-Ing. Waldemar Robs, Textil-Ing. Hugo Griese und Textil-Ing. Walter Lauer, Technisch-Wissenschaftliches Büro für die Bastfaserindustrie, Bielefeld
Die Auswirkungen der Trocknungsart naßgesponnener Leinengarne auf deren Verarbeitungswirkungsgrad sowie auf die Festigkeits- und Dehnungseigenschaften der Garne und Gewebe
1957. 18 Seiten, 2 Abb., 3 Tabellen. DM 6,50

HEFT 1402
Prof. Dr.-Ing. Walther Wegener und Dr.-Ing. Hans Peuker, Institut für Textiltechnik der Rhein.-Westf. Technischen Hochschule Aachen
Vergleich der Ungleichmäßigkeit von Baumwoll- und Zellwollgarnen, die nach dem Dreizylinder- und nach dem Faserband-Spinnverfahren hergestellt wurden
In Vorbereitung

Beurteilung fertiger Garne und Zwirne nach Herstellungsverfahren und Eigenschaften

HEFT 196
Dipl.-Ing. Waldemar Robs und Textil-Ing. Hugo Griese, Bielefeld
Auswirkungen von Garnfehlern bei der Verarbeitung von Leinengarnen
1955. 24 Seiten, 3 Abb., 6 Tabellen. DM 7,80

HEFT 339
Prof. Dr.-Ing. Walther Wegener und Dipl.-Ing. Willi Zahn, Institut für Textiltechnik der Rhein.-Westf. Technischen Hochschule Aachen
Vergleich des normalen mit verschiedenen abgekürzten Baumwollspinnverfahren in bezug auf Gleichmäßigkeit und Sortierungsstreuung der Garne
1956. 43 Seiten, 17 Abb., 17 Tabellen. DM 12,70

HEFT 632
Prof. Dr.-Ing. Walther Wegener, Institut für Textiltechnik der Rhein.-Westf. Technischen Hochschule Aachen
Aufstellung und Vergleich von Variance-within- und Variance-between-Kurven von Garnen, die nach verschiedenen Spinnverfahren hergestellt werden
1958. 76 Seiten, 35 Abb. DM 19,10

HEFT 699
Dr.-Ing. Erich Wagner, Textilingenieurschule Wuppertal
Studium der Drehungsverhältnisse an Perlon- und Nylongarnen zur Herstellung von Strumpfgewirken
1959. 30 Seiten, 11 Abb. DM 9,20

Webereivorbereitung (Verfahren und Maschinen)

HEFT 9
Technisch-Wissenschaftliches Büro für die Bastfaserindustrie, Bielefeld
Untersuchungen über die zweckmäßige Wicklungsart von Leinengarnkreuzspulen unter Berücksichtigung der Anwendung hoher Geschwindigkeiten des Garnes
Vorversuche für Zetteln und Schären von Leinengarnen auf Hochleistungsmaschinen
1952. 40 Seiten, 8 Abb., 7 Tabellen. DM 9,25

HEFT 19
Technisch-Wissenschaftliches Büro für die Bastfaserindustrie, Bielefeld
Die Auswirkung des Schlichtens von Leinengarnketten auf den Verarbeitungswirkungsgrad sowie die Festigkeit und Dehnungsverhältnisse der Garne und Gewebe
1952. 38 Seiten, 1 Abb., 9 Tabellen. DM 9,—

HEFT 63
Textilforschungsanstalt Krefeld
Neue Methoden zur Untersuchung der Wirkungsweise von Textilhilfsmitteln
Untersuchungen über Schlichtungs- und Entschlichtungsvorgänge
1954. 24 Seiten, 1 Abb., 5 Tabellen. DM 6,80

HEFT 338
*Prof. Dr.-Ing. Walther Wegener, Aachen, und
Dipl.-Ing. Josef Schneider, Mönchengladbach*
Die Bedeutung der Knotenart für die Herabminderung der Fadenbrüche
1956. 40 Seiten, 6 Abb., 17 Tabellen. Vergriffen

HEFT 434
*Dipl.-Ing. Waldemar Rohs und
Dr. rer. nat. Ingeborg Geurten, Technisch-Wissenschaftliches Büro für die Bastfaserindustrie, Bielefeld*
Schlichten für Baumwollgarne
1957. 96 Seiten, 3 Abb., zahlr. Tabellen. DM 23,70

HEFT 654
*Obering. Herbert Stein,
Textil-Ing. Herbert v. d. Weyden,
Dipl.-Ing. Waldemar Rohs und
Textil-Ing. Hugo Griese, Technisch-Wissenschaftliches Büro für die Bastfaserindustrie, Bielefeld*
Untersuchungen an Spulvorrichtungen in der Leinen- und Halbleinenweberei
1. Teilbericht zum Thema: Meßtechnische Untersuchungen über die Wirkung und Arbeitsweise verschiedenartiger Fadenbremsen für Spulmaschinen, Zettelanlagen u. dgl., abhängig von den Eigenschaften des verarbeiteten Fadenmaterials
1958. 83 Seiten, 29 Abb., 33 Tabellen. DM 23,80

HEFT 885
Dr. rer. nat. Ingeborg Lambrinou, Technisch-Wissenschaftliches Büro für die Bastfaserindustrie, Bielefeld
Einfluß von Fettzusätzen auf das rheologische Verhalten von Schlichteflotten
1960. 57 Seiten, 18 Abb., 3 Tabellen. DM 16,50

HEFT 917
*Obering. Herbert Stein und
Ing. Gerhard Hoischen, Institut für textile Meßtechnik, Mönchengladbach*
Ermittlung der Vorgänge beim Benetzen und Trocknen von Fäden unter besonderer Berücksichtigung der Arbeitsweise von Schlichtmaschinen
1960. 78 Seiten, 75 Abb. DM 24,10

HEFT 1320
Dipl.-Ing. Waldemar Rohs und Text.-Ing. Hugo Griese, Technisch-Wissenschaftliches Büro für die Bastfaserindustrie Bielefeld
Einfluß der Webstuhleinstellung auf dem Ausfall, insbesondere die Krumpfung von Halbleinen- und Baumwollgeweben
1963. 27 Seiten, 6 Tabellen. DM 11,70

HEFT 1401
Dipl.-Ing. Adolf Funder und Text.-Ing. Hugo Griese, Forschungsinstitut für Bastfasern e. V., Bielefeld
Zusammenhänge zwischen Garnungleichmäßigkeit und Gewebeausfall bei Leinen
1964. 53 Seiten, 14 Abb., 17 Tabellen. DM 28,—

Weberei (Verfahren und Maschinen)

HEFT 3
Technisch-Wissenschaftliches Büro für die Bastfaserindustrie, Bielefeld
Untersuchungsarbeiten zur Verbesserung des Leinenwebstuhles
1952. 36 Seiten, 7 Abb., 3 Tabellen. DM 12,50

HEFT 22
Technisch-Wissenschaftliches Büro für die Bastfaserindustrie, Bielefeld
Die Reparaturanfälligkeit von Webstühlen
1953. 21 Seiten, 7 Abb., 5 Tabellen. DM 5,80

HEFT 41
Technisch-Wissenschaftliches Büro für die Bastfaserindustrie, Bielefeld
Untersuchungsarbeiten zur Verbesserung des Leinenwebstuhles II: Das Verhalten verschiedener Kettfadenwächtersysteme
1953. 33 Seiten, 4 Abb., 5 Tabellen. DM 7,80

HEFT 80
Technisch-Wissenschaftliches Büro für die Bastfaserindustrie, Bielefeld
Die Verarbeitung von Leinengarnen auf Webstühlen mit und ohne Oberbau
1954. 18 Seiten, 2 Abb., 2 Tabellen. DM 6,—

HEFT 92
Technisch-Wissenschaftliches Büro für die Bastfaserindustrie, Bielefeld
Messungen von Vorgängen am Webstuhl
1954. 64 Seiten, 45 Abb. DM 15,50

HEFT 163
*Dipl.-Ing. Waldemar Rohs und
Textil-Ing. Hugo Griese, Technisch-Wissenschaftliches Büro für die Bastfaserindustrie, Bielefeld*
Untersuchungsarbeiten zur Verbesserung des Leinenwebstuhles III
1955. 67 Seiten, 15 Abb., 18 Tabellen. DM 15,80

HEFT 226
*Technisch-Wissenschaftliches Büro für die
Bastfaserindustrie, Bielefeld*
Untersuchungen zur Verbesserung des Leinenwebstuhles IV: Die Wirkung verschiedener Kettbaumbremsen auf die Verwebung von Leinengarnen
1956. 50 Seiten, 9 Abb., 4 Tabellen. DM 13,50

HEFT 292
*Dipl.-Ing. Waldemar Robs und
Textil-Ing. Hugo Griese, Technisch-Wissenschaftliches
Büro für die Bastfaserindustrie, Bielefeld*
Webversuche an Leinenwebstühlen mit verbesserter Schaftbewegung
1956. 22 Seiten, 3 Abb., 2 Tabellen. DM 7,60

HEFT 379
Institut für textile Meßtechnik, Mönchengladbach
Schußfadenspannung beim Weben
*1957. 64 Seiten, 5 Abb., 47 Diagramme,
3 Tabellen. DM 18,60*

HEFT 494
*Dipl.-Ing. Waldemar Robs und
Textil-Ing. Hugo Griese, Technisch-Wissenschaftliches
Büro für die Bastfaserindustrie, Bielefeld*
Entwicklung und Erprobung eines verbesserten elektrischen Kettfadenwächtergeschirrs für die Leinen- und Halbleinenweberei
1957. 43 Seiten, 9 Abb., 11 Tabellen. DM 13,—

HEFT 621
*Dipl.-Ing. Waldemar Robs und
Textil-Ing. Hugo Griese, Technisch-Wissenschaftliches
Büro für die Bastfaserindustrie, Bielefeld*
Untersuchungen zur Verbesserung des Leinenwebstuhles V
1958. 42 Seiten, 6 Abb., 8 Tabellen. DM 11,30

HEFT 869
*Dipl.-Ing. Waldemar Robs und
Textil-Ing. Hugo Griese, Technisch-Wissenschaftliches
Büro für die Bastfaserindustrie, Bielefeld*
Zusammenwirken von Kett- und Schußfadenspannungen und ihr Einfluß auf den Gewebeausfall
1960. 32 Seiten. 4 Abb., 7 Tabellen. DM 9,90

HEFT 1167
*Textil-Ing. Hugo Griese, Technisch-Wissenschaftliches
Büro für die Bastfaserindustrie, Bielefeld*
Verbesserung der Wirtschaftlichkeit und des Warenausfalls durch zusätzliche Befeuchtung der verarbeiteten Garne in der Leinen- und Halbleinenweberei
1962. 33 Seiten, 12 Abb., 6 Tabellen. DM 17,20

HEFT 1477
Text.-Ing. Hugo Griese, Forschungsinstitut für Bastfasern e. V., Bielefeld
Untersuchung über die Möglichkeit einer Leistungssteigerung in der Leinen- und Halb-leinenweberei durch Einsatz neu entwickelter Jacquardmaschinen
In Vorbereitung

Beurteilung von Geweben und anderen textilen Flächengebilden nach Herstellungsverfahren und Eigenschaften

HEFT 29
*Technisch-Wissenschaftliches Büro für die
Bastfaserindustrie, Bielefeld*
Die Ausnützung der Leinengarne in Geweben
1953. 94 Seiten, 14 Abb., 10 Tabellen. DM 17,80

HEFT 674
*Dipl.-Ing. Waldemar Robs, Technisch-Wissenschaftliches
Büro für die Bastfaserindustrie, Bielefeld*
Die Ausnutzung der Garnfestigkeit in Halbleinengeweben
1958. 45 Seiten, 6 Abb., 13 Tabellen. DM 14,30

HEFT 749
*Dipl.-Ing. Waldemar Robs und
Textil-Ing. Hugo Griese, Technisch-Wissenschaftliches
Büro für die Bastfaserindustrie, Bielefeld*
Einfluß verschiedener Webfaktoren auf die Krumpfung von Halbleinen- und Baumwollgeweben
1959. 28 Seiten, 2 Abb., 10 Tabellen. DM 8,60

HEFT 1002
*Prof. Dr.-Ing. Walther Wegener und
Dipl.-Ing. Hans Peuker, Institut für Textiltechnik der
Rhein.-Westf. Technischen Hochschule Aachen*
Die Beziehungen zwischen der Garngleichmäßigkeit und dem Warenbild textiler Flächengebilde
1961. 128 Seiten, 31 Abb., 3 Tabellen. DM 42,40

HEFT 1240
*Dipl.-Ing. Waldemar Robs und Dipl.-Ing. Rudolf Otto,
Technisch-Wissenschaftliches Büro für die
Bastfaserindustrie, Bielefeld*
Verbesserung der Verarbeitungseigenschaften von Bastfasergarnen durch Beigabe einer Chemiefaserkomponente
1963. 35 Seiten, 12 Abb., 8 Tabellen. DM 18,60

Textilveredlung (Bleichen, Färben, Drucken, Ausrüsten)

HEFT 32
*Technisch-Wissenschaftliches Büro für die
Bastfaserindustrie, Bielefeld*
Der Einfluß der Natriumchlorid-Bleiche auf Qualität und Verwebbarkeit von Leinengarnen und die Eigenschaften der Leinengewebe unter besonderer Berücksichtigung des Einsatzes von Schützen- und Spulenwechselautomaten in der Leinenweberei
1953. 55 Seiten, 2 Abb., 12 Tabellen. DM 11,50

HEFT 69
Wäschereiforschung Krefeld
Bestimmung des Faserabbaues bei Leinen unter besonderer Berücksichtigung der Leinengarnbleiche
1954. 37 Seiten, 15 Abb., 3 Tabellen. DM 9,60

HEFT 161
*Prof. Dr. rer. nat. Wilhelm Weltzien und
Dr. rer. nat. Gerd Hauschild, Krefeld*
Über Silikone und ihre Anwendung in der Textilveredlung
1955. 120 Seiten, 22 Abb., 10 Tabellen. DM 27,—

HEFT 452
*Prof. Dr. rer. nat. Wilhelm Weltzien und
Dr. phil. nat. Karin Windeck,
Textilforschungsanstalt Krefeld*
Veränderungen an Fasern bei der Bleiche mit Natriumchlorid und über einige Vergilbungserscheinungen
1957. 51 Seiten, 3 Abb., 13 Tabellen. DM 14,85

HEFT 496
*Dipl.-Chem. Peter Vogel,
Textilforschungsanstalt Krefeld*
Färberische Eigenschaften von zur Herstellung von Verdickungen in der Stoffdruckerei bestimmten Stoffen
1957. 26 Seiten, 3 Abb., 3 Tabellen. DM 9,30

HEFT 498
*Prof. Dr.-Ing. Helmut Zahn und
Dr. rer. nat. Wolfgang Gerstner,
Deutsches Wollforschungsinstitut an der
Rhein.-Westf. Technischen Hochschule Aachen*
Herstellung säurefester technischer Gewebe
1957. 28 Seiten, 8 Tabellen. DM 9,65

HEFT 501
*Dipl.-Ing. Waldemar Rohs und
Dr. rer. nat. Ingeborg Geurten,
Technisch-Wissenschaftliches Büro für die
Bastfaserindustrie, Bielefeld*
Untersuchungen in der Leinengarnbleiche
1958. 38 Seiten, 5 Abb., 5 Tabellen. DM 11,50

HEFT 761
*Dr. rer. nat. Ingeborg Lambrinou,
Technisch-Wissenschaftliches Büro für die
Bastfaserindustrie, Bielefeld*
Untersuchungen zur rationellen Durchfärbbarkeit von Bastfasergarnen
1959. 53 Seiten, 1 Abb., 16 Tabellen. DM 14,10

HEFT 816
*Dr. rer. nat. Helmut Pfannmüller,
Textil-Chemikerin Margret Pfannmüller
und Prof. Dr.-Ing. Helmut Zahn,
Deutsches Wollforschungsinstitut an der Rhein.-Westf.
Hochschule Aachen*
Die Bewetterung chemisch modifizierter Wollgarne
1959. 31 Seiten, 31 Tabellen. DM 10,10

HEFT 1020
*Dr. rer. nat. Ingeborg Lambrinou,
Technisch-Wissenschaftliches Büro für die
Bastfaserindustrie, Bielefeld*
Das Bleichen von Pflanzenfasern mit Chlordioxyd-Erprobung eines neuen Bleichverfahrens in der Leinengarnbleiche
1961. 40 Seiten, 10 Abb., 6 Tabellen. DM 14,20

HEFT 1411
*Dr. rer. nat. Eberhard F. Wagner,
Wäschereiforschung Krefeld e.V.*
Beeinflussung der Anschmutzbarkeit und Waschbarkeit von Textilien aus Naturfasern, Synthesefasern sowie Mischungen durch Spezialausrüstungen (antisoiling-Problem)

HEFT 1437
*Text.-Ing. Josef Ilg,
Wäschereiforschung Krefeld*
Herstellung einer künstlichen Testanschmutzung für Gewebe zur Prüfung von Wasch- und Textil-Hilfsmitteln sowie von Wasch- und Textilmaschinen
In Vorbereitung

HEFT 1438
*Dr.-Ing. habil. Horst Reumuth, Dr.-Ing. Friedrich
Debnert, Chem. Adolf Stay und
Dipl.-Chem. Harald Hedenetz, Forschungsstelle
Chemischreinigung, Krefeld*
Mikroskopische und mikrofotografische Studien über die Schmutzabtragung bei der Chemischreinigung von Textilien
In Vorbereitung

Arbeitsvorgänge und Maschinen in der Bekleidungsindustrie

HEFT 940
*Dr.-Ing. Günther Satlow und
Dr. rer. nat. Tarsilla Gerthsen,
Deutsches Wollforschungsinstitut an der Rhein.-Westf.
Technischen Hochschule Aachen*
Einfluß des Bügelns mit der Hoffmann-Presse auf einige Eigenschaften der Wolle
1960. 45 Seiten, 21 Tabellen. DM 13,50

Gebrauchsfragen einschließlich Wäscherei und Chemischreinigung

HEFT 15
Wäschereiforschung Krefeld
Trocknen von Wäschestoffen
I. Lufttrocknung: Untersuchungen an Tumblern
1952. 41 Seiten, 14 Abb., 2 Tabellen. DM 9,—

HEFT 70
Wäschereiforschung Krefeld
Trocknen von Wäschestoffen
II. Kontakttrocknung: Untersuchungen über den Trockenvorgang und die Wäschebeanspruchung bei der Kontakttrocknung
1954. 41 Seiten, 18 Abb., 3 Tabellen. DM 10,—

HEFT 84
Dr. med. habil. Dr. phil. Heinz Baron, Düsseldorf
Über Standardisierung von Wundtextilien
1954. 19 Seiten. DM 6,40

HEFT 119
Dr.-Ing. Oswald Viertel, Krefeld
Wäscherei- und energietechnische Untersuchung einer Gemeinschafts-Waschanlage
1955, 50 Seiten, 18 Abb. DM 10,20

HEFT 159
Dr.-Ing. Oswald Viertel und Oskar Oldenroth, Krefeld
Das Bleichen von Weißwäsche mit Wasserstoffsuperoxyd bzw. Natriumhypochlorid beim maschinellen Waschen
1955. 42 Seiten, 23 Abb., 2 Tabellen. DM 11,45

HEFT 171
Wäschereiforschung Krefeld
Untersuchung der Wäscheentwässerung mit Hilfe von Zentrifugen und Pressen
1955. 30 Seiten, 16 Abb., 4 Tabellen. DM 9,70

HEFT 236
Dr.-Ing. Oswald Viertel und
Susanne Brückner-Lucas, Krefeld
Ergebnisse einer Hausfrauenbefragung über Wascheinrichtungen und Waschmethoden in städtischen Haushalten
1956. 23 Seiten, 4 Abb. DM 7,60

HEFT 393
Dr.-Ing. Oswald Viertel und
Susanne Brückner-Lucas, Krefeld
Arbeitszeitstudien an Haushaltswaschmaschinen
1957. 61 Seiten, 8 Abb., 13 Tabellen. DM 17,30

HEFT 578
Dipl.-Ing. Herbert Schmidt,
Wäschereiforschung e.V., Krefeld
Auswirkung der Strömungsverhältnisse in Trommelwaschmaschinen unter besonderer Berücksichtigung des Durchlaufspülens
1958. 20 Seiten, 8 Abb. DM 8,45

HEFT 722
Dr.-Ing. Oswald Viertel und Eva Malz,
Wäschereiforschung Krefeld
Mechanische Wäschebeanspruchung und Waschwirkung in Rührwerkmaschinen
1959. 59 Seiten, 25 Abb., 23 Tabellen. DM 16,50

HEFT 826
Dr.-Ing. Oswald Viertel und Eva Schmahl,
Wäschereiforschung Krefeld
Arbeitszeitstudien an Haushaltbottichwaschmaschinen gleicher Art und Größe mit verschiedener Ausstattung
1960. 37 Seiten, 10 Abb., 4 Tabellen. DM 12,20

HEFT 850
Dr.-Ing. Oswald Viertel,
Wäschereiforschung Krefeld
Maßveränderung und Faserbeanspruchung von Wäschestoffen bei verschiedenen Trocknungsverfahren
1960. 34 Seiten, 9 Abb., 12 Tabellen. DM 10,70

HEFT 865
Textil-Ing. Josef Ilg, Wäschereiforschung Krefeld
Ermittlung des Gebrauchswertes von Handtüchern verschiedener Qualität
1960. 45 Seiten, 6 Abb., 22 Tabellen. DM 13,20

HEFT 892
Dipl.-Ing. Herbert Schmidt, Wäschereiforschung Krefeld
Untersuchung über die Wäschebewegung in Trommelwaschmaschinen unter besonderer Berücksichtigung der Reinigungswirkung und des Faserabriebs
1960. 27 Seiten, 9 Abb. DM 9,—

HEFT 960
Edith Schirmer und Dipl.-Ing. Herbert Schmidt,
Wäschereiforschung Krefeld
Prüfung von Heimtrocknern (Trommeltrockner) auf Wirkungsgrad und Gewebeangriff
1961. 42 Seiten, 15 Abb. DM 13,50

HEFT 1120
Dr.-Ing. Oswald Viertel und
Dipl.-Ing. Eberhard Wagner,
Wäschereiforschung Krefeld
Ursachen der Fleckbildung beim Waschen mit optische Aufheller enthaltenden Waschmitteln und Möglichkeiten zur Beseitigung dieser Schwierigkeiten.
1962. 38 Seiten, 19 Abb., 1 Tabelle. DM 17,80

HEFT 1254
Dipl.-Chem. Harald Hedenetz und Dr.-Ing. Friedrich Dehnert, Forschungsstelle Chemiereinigung e.V., Krefeld
Vergrauungsfaktoren in der Chemischreinigung
1963. 69 Seiten, 8 Figurentafeln, 7 Tabellen. DM 32,50

HEFT 1275
Dr. Klaus Ziegler, Deutsches Wollforschungsinstitut an der Rhein.-Westf. Technischen Hochschule Aachen
Der Cysteinsäuregehalt der Wolle, seine Bestimmung und seine Veränderung durch Ausrüstungsprozesse
1963. 40 Seiten, 14 Abb., 7 Tabellen. DM 18,50

HEFT 1283
Prof. Dr.-Ing. Walther Wegener und
Dipl.-Ing. Günter Schubert, Institut für Textiltechnik der Rhein.-Westf. Technischen Hochschule Aachen
Einfluß verschiedener relativer Luftfeuchtigkeiten und Temperaturen auf die Laufverhältnisse, auf die Gleichmäßigkeit und auf die dynamometrischen Eigenschaften der gefertigten Garne
1963. 42 Seiten, 12 Abb., 14 Tabellen. DM 23,50

HEFT 1284
Dr. rer. nat. Dipl.-Ing. Eberhard F. Wagner,
Wäschereiforschung Krefeld
Verhalten von Komplexfärbungen und -drucken
gegenüber phosphathaltigen Waschmitteln sowie
Waschechtheit von Pigmentfärbungen und -drucken
1964. 46 Seiten, 4 Abb., 10 Tabellen. DM 23,70

HEFT 1285
Dipl.-Ing. H. Schmidt, Wäschereiforschung Krefeld
Theorie und Praxis des diskontinuierlichen und
kontinuierlichen Spülens
1964. 27 Seiten, 13 Abb., DM 15,60

HEFT 1286
Dipl.-Ing. Oskar Becker,
Institut für textile Meßtechnik Mönchengladbach
Untersuchungen an lederbezogenen Druckrollen
für die Streckwerke von Spinnereimaschinen
1964. 57 Seiten, 22 Abb., 7 Tabellen. DM 24,80

HEFT 1287
Dr. rer. nat. Hans Günther Fröhlich, Forschungs-
institut der Hutindustrie e.V., Mönchengladbach
Das Färben von Hutfilzen unterhalb Kochtem-
peratur unter Zusatz von Färbebeschleuniger
1963. 33 Seiten, 6 Abb., 13 Tabellen. DM 15,80

HEFT 1294
Dr. rer. nat. Carlo Maurer,
Deutsches Wollforschungsinstitut an der Rhein.-Westf.
Technischen Hochschule Aachen
Beitrag zur Schrumpffrei-Ausrüstung von Wolle
1964. 49 Seiten, 33 Abb., 18 Tabellen. DM 24,—

HEFT 1298
Prof. Dr. rer. nat. Wilhelm Weltzien und Ph. D. Dr. rer.
nat. Waman Achwal, Textilforschungsanstalt Krefeld
Die Bestimmung des Wassergehaltes mit Hilfe der
Karl-Fischer-Methode in Harnstoff-Formaldehyd-
Kunstharzen sowie in unbehandelten und in mit
diesen Kunstharzen behandelten Geweben
1963. 35 Seiten, 7 Abb., 13 Tabellen. DM 16,60

HEFT 1318
Dr. rer. nat. Dietrich Lenz, Dipl.-Chem. Harald
Hedenetz und Dr.-Ing. Friedrich Dehnert, Forschungs-
stelle Chemischreinigung e.V., Krefeld
Untersuchungen zur Chemischreinigungs-Bestän-
digkeit von Pigmentfarbstoff Applikationen
1964. 41 Seiten, 16 Tabellen DM 19,—

HEFT 1330
Prof. Dr. med. Heinrich Reploh,
Hygiene-Institut der Universität Münster
Die Beeinflussung des Keimgehaltes durch Waschen
bei niedrigen Temperaturen (20-60°C)
1964. 25 Seiten, 15 Abb. DM 13,60

Textilprüfverfahren, Textilprüfgeräte

HEFT 17
Obering. Herbert Stein, Mönchengladbach
Untersuchung der Verzugsvorgänge in den Streckwerken verschiedener Spinnereimaschinen.
1. Bericht: Vergleichende Prüfung mit verschiedenen Dickenmeßgeräten
1952. 28 Seiten, 15 Abb. DM 8,—

HEFT 18
Wäschereiforschung Krefeld
Grundlagen zur Erfassung der chemischen
Schädigung beim Waschen
1953. 61 Seiten, 15 Abb., 15 Tabellen. DM 12,75

HEFT 26
Technisch-Wissenschaftliches Büro für die
Bastfaserindustrie, Bielefeld
Vergleichende Untersuchungen zweier neuzeit-
licher Ungleichmäßigkeitsprüfer für Bänder und
Garne hinsichtlich ihrer Eignung für die Bastfaser-
spinnerei
1953. 57 Seiten, 30 Abb. DM 12,50

HEFT 85
Textilforschungsanstalt Krefeld
Physikalische Untersuchungen an Fasern, Fäden,
Garnen und Geweben:
Untersuchungen am Knickscheuergerät nach
Weltzien
1954. 38 Seiten, 11 Abb., 8 Tabellen. DM 10,—

HEFT 199
Textilforschungsanstalt Krefeld
Die Messung von Gewebetemperaturen mittels
Temperaturstrahlung
1955. 36 Seiten, 12 Abb. DM 10,90

HEFT 302
Prof. Dr.-Ing. Walther Wegener und
Dipl.-Ing. Willi Zahn, Aachen
Untersuchungen von gesponnenen Garnen auf ihre
Gleichmäßigkeit nach verschiedenen Meßmethoden
1956. 49 Seiten, 34 Abb. DM 15,20

HEFT 307
Priv.-Dozent Dr. rer. nat. habil. Johannes Juilfs,
Textilforschungsanstalt Krefeld
Vergleichende Untersuchungen zur elastischen und
bleibenden Dehnung von Fasern
1956. 24 Seiten, 11 Abb. DM 8,30

HEFT 308
Priv.-Dozent Dr. rer. nat. habil. Johannes Juilfs,
Textilforschungsanstalt Krefeld
Zur Messung der Fadenglätte
1956. 22 Seiten, 10 Abb., 2 Tabellen. DM 8,—

HEFT 358
Prof. Dr. rer. nat. Wilhelm Weltzien,
Dipl.-Chem. Paul Ringel und Text.-Ing. Hans Kirchhoff,
Textilforschungsanstalt Krefeld
Die Waschechtheit von Färbungen. Vergleichende
Untersuchungen auf dem Gebiete der Echtheits-
prüfung
1957. 25 Seiten, 12 Farbtafeln. DM 58,—

HEFT 381
Priv.-Dozent Dr. rer. nat. habil. Johannes Juilfs,
Textilforschungsanstalt Krefeld
Zur Dichtbestimmung von Fasern. Methoden und
Beispiele der praktischen Anwendung
1957. 65 Seiten, 34 Abb., 18 Tabellen. DM 17,—

HEFT 436
Priv.-Dozent Dr. rer. nat. habil. Johannes Juilfs,
Textilforschungsanstalt Krefeld
Zur Bestimmung der Bruchlast (Zugfestigkeit) von
Fasern, Fäden und Garnen
1959. 26 Seiten, 7 Abb., 5 Tabellen. DM 8,60

HEFT 499
Priv.-Dozent Dr. rer. nat. habil. Johannes Juilfs,
Textilforschungsanstalt Krefeld
Die Bestimmung des Wasserrückhaltevermögens
(bzw. des Quellwertes) von Fasern
1958. 29 Seiten, 8 Abb., 8 Tabellen. DM 10,35

HEFT 500
Priv.-Dozent Dr. rer. nat. habil. Johannes Juilfs,
Textilforschungsanstalt Krefeld
Vergleichende Untersuchungen am Schopper-
Scheuerprüfgerät
1958. 60 Seiten, 34 Abb., zahlreiche Tabellen. DM 18,10

HEFT 633
Prof. Dr.-Ing. Walther Wegener und
Dipl.-Ing. Egon Haase-Deyerling,
Institut für Textiltechnik der Rhein.-Westf.
Technischen Hochschule Aachen
Entwicklung und Bau eines vollautomatischen
Faserlängenprüfgerätes (Stapelprüfgerät) auf kapa-
zitiver Grundlage, Erprobungen dieses Gerätes
und Vergleich mit den bislang üblichen Verfahren
auf manueller Basis
1958. 36 Seiten, 15 Abb., 5 Tabellen. DM 10,10

HEFT 700
Obering. Herbert Stein,
Institut für textile Meßtechnik, Mönchengladbach
Zugprüfungen an Textilien mit einer weglosen,
elektronischen Kraftmeßeinrichtung
1958. 103 Seiten, 62 Abb., 3 Tabellen. DM 32,—

HEFT 730
Obering. Herbert Stein und Dipl.-Phys. Siegfried Hobe,
Institut für textile Meßtechnik Mönchengladbach
Gerät zum Auffinden von Fadenverdickungen bei
hohen Prüfgeschwindigkeiten
1959. 56 Seiten, 28 Abb., 2 Tabellen. DM 14,80

HEFT 817
Dr. rer. nat. Hansjürgen Kessler,
Deutsches Wollforschungsinstitut an der Rhein.-Westf.
Technische Hochschule Aachen
Die Zwei- und Dreifaseranalyse auf Grund der
Bestimmung von Cystin und Stickstoff
1959. 28 Seiten. DM 8,70

Betriebswirtschaftliche
Untersuchungen auf dem Textilgebiet

HEFT 186
Dr. rer. pol. Erich Wedekind, Krefeld
Untersuchung zur Arbeitsgestaltung bei der Fertig-
stellung von Oberhemden in gewerblichen Wäsche-
reien   *1955. 99 Seiten, 28 Abb., 7 Tabellen.*
DM 12,—

HEFT 197
Dr. rer. pol. Erich Wedekind, Krefeld
Untersuchungen zur Bestimmung der optimalen
Arbeitsplatzgröße bei Mehrstuhlarbeit in der
Weberei
1955. 79 Seiten, 34 Abb. DM 18,50

HEFT 631
Dr. rer. pol. Erich Wedekind, Krefeld
Der Einfluß der Automatisierung auf die Struktur
der Maschinen- und Arbeiterzeiten am mehrstelligen
Arbeitsplatz in der Textilindustrie
1958. 71 Seiten, 32 Abb., 8 Tabellen. DM 21,10

HEFT 715
Dr. rer. pol. Erich Wedekind, Krefeld
Die Auftragsplanung und Arbeitsorganisation in
gewerblichen Wäschereien
1959. 116 Seiten, 25 Abb. DM 29,50

HEFT 827
Dr.-Ing. Egon Sattler,
Verband Deutscher Streichgarnspinner, Düsseldorf
Disposition mit Arbeitsvorbereitung und Ver-
triebsvorbereitung in der einstufigen (Verkaufs-)
Streichgarnspinnerei
1960. 60 Seiten, 5 Anlagen. DM 15,90

HEFT 828
Verband der Deutschen Tuch- und
Kleiderstoffindustrie e. V., Köln, in Zusammenarbeit mit
dem Ausschuß für wirtschaftliche Fertigung e. V.,
Düsseldorf
Disposition mit Arbeits- und Vertriebsvorbereitung
in der Tuch- und Kleiderstoffindustrie
1960. 67 Seiten, 8 Anlagen. DM 17,90

HEFT 874
Dr. rer. pol. Erich Wedekind und
Textil-Ing. Hartmut Kokerbeck, Krefeld
Untersuchungen über rationelle Arbeitsweisen bei
Preß- und Bügelvorgängen in Chemisch-Reini-
gungsbetrieben   *1960. 102 Seiten, 17 Abb.,*
zahlr. Tabellen. DM 26,50

HEFT 1237
Verband Deutscher Streichgarnspinner e. V., Düsseldorf
Betriebsvergleich in den Streichgarnspinnereien,
Teil I. bearbeitet vom Forschungsinstitut für Rationalisierung an der Rhein.-Westf. Techn. Hochschule Aachen, Direktor: Prof. Dr.-Ing. J. Mathieu
1963. 52 Seiten, 15 Abb. DM 21,90

Volkswirtschaftliche
Untersuchungen auf dem Textilgebiet

HEFT 222
Dr. rer. pol. Lutz Köllner und
Dipl.-Volksw. Manfred Kaiser,
Forschungsstelle für allgemeine und textile
Marktwirtschaft an der Universität Münster
Die internationale Wettbewerbsfähigkeit der west-
deutschen Wollindustrie
Direktor: Prof. Dr. rer. pol. H. Jecht
1956. 200 Seiten, 5 Abb. DM 39,50

HEFT 323
Prof. Dr. Rudolf Seyffert, Köln
Wege und Kosten der Distribution der Textil-
Schuh- und Lederwaren
1956. 86 Seiten, 38 Tabellen. DM 12,—

HEFT 607
*Dr. rer. pol. Hyronimus Schlachter,
Forschungsstelle für allgemeine und textile
Marktwirtschaft an der Universität Münster
Direktor: Prof. Dr. rer. pol. H. Jecht*
Die Wettbewerbslage der westdeutschen
Juteindustrie
1958, 137 Seiten, 35 Tabellen, DM 32,—

HEFT 819
*Dipl.-Volksw. Dr. rer. pol. Heinz Hubert Kaup,
Forschungsstelle für allgemeine und textile
Marktwirtschaft an der Universität Münster*
Einkommen und Textilverbrauch
1960. 92 Seiten, 34 Tabellen. DM 23,20

HEFT 911
*Dr. Hannedore Kahmann und
Dipl.-Volksw. Renate Papke,
Forschungsstelle für allgemeine und textile
Marktwirtschaft an der Universität Münster*
Langfristige Strukturwandlungen und Anpassungs-
prozesse der britischen Baumwollindustrie unter
dem Einfluß der Industrialisierung in Indien und
anderen asiatischen Ländern
1960. 120 Seiten, 38 Tabellen. DM 31,20

HEFT 1036
*Dipl.-Kfm. Dr. Eduard Terrahe,
Forschungsstelle für allgemeine und textile
Marktwirtschaft an der Universität Münster*
Möglichkeiten und Grenzen einer Rationalisierung
und Automatisierung in der westdeutschen Baum-
wollrohweberei. Ein Beitrag zur Beurteilung ihrer
Wettbewerbsfähigkeit gegenüber USA, Japan und
Indien
1961. 231 Seiten, 5 Abb., zahlr. Tabellen. DM 49,—

HEFT 1069
*Dipl.-Volksw. Dr. Wolfgang Rothe,
Forschungsstelle für allgemeine und textile
Marktwirtschaft an der Universität Münster*
Internationaler Preis- und Kaufkraftvergleich für
Bekleidung in Ländern des gemeinsamen Marktes
und der Freihandelszone
*1962. 226 Seiten, zahlr. Tabellen und Anlagen.
DM 43,—*

HEFT 1115
*Dipl.-Volksw. Dr. Wilhelm Kurth,
Forschungsstelle für allgemeine und textile
Marktwirtschaft an der Universität Münster*
Vermögensbestand und Kapitalbedarf in einigen
Zweigen der Textilindustrie
1962. 146 Seiten, 9 Abb., 33 Tabellen. DM 52,—

HEFT 1234
*Dipl.-Volkswirt Dr. Klaus Hoffarth,
Forschungsstelle für allgemeine und textile
Marktwirtschaft an der Universität Münster*
Lagerhaltung und Konjunkturverlauf in der
Textilwirtschaft
1963. 127 Seiten, 35 Abb., 18 Tabellen. DM 52,—

HEFT 1372
*Dipl.-Volksw. Dr. Klaus Herzog, Forschungsstelle
für allgemeine und textile Marktwirtschaft an der
Universität Münster*
Das Verhältnis von ein- und mehrstufigen Unter-
nehmungen in einzelnen Branchen der Textilindustrie
*1964. 167 Seiten, 5 Schaubilder, 4 Übersichten,
34 Tabellen. DM 66,—*

HEFT 1404
*Dipl.-Volksw. Dr. Ruth Schillinger, Forschungsstelle
für allgemeine und textile Marktwirtschaft an der
Universität Münster, Universitätsstr. 14/16
Leiter: Prof. Dr. W. G. Hoffmann*
Die wirtschaftliche Entwicklung des Stoffdrucks
– Langfristige Tendenzen und kurzfristige Ein-
flüsse –
1964. 123 Seiten, 25 Abb., 11 Tabellen. DM 56,—

Verzeichnisse der Forschungsberichte aus folgenden Gebieten können beim Verlag angefordert werden:
Acetylen/Schweißtechnik – Arbeitswissenschaft – Bau/Steine/Erden – Bergbau – Biologie – Chemie – Eisen-
verarbeitende Industrie – Elektrotechnik/Optik – Energiewirtschaft – Fahrzeugbau/Gasmotoren – Farbe/
Papier/Photographie – Fertigung – Funktechnik/Astronomie – Gaswirtschaft – Holzbearbeitung – Hütten-
wesen/Werkstoffkunde – Kunststoffe – Luftfahrt/Flugwissenschaften – Luftreinhaltung – Maschinenbau –
Mathematik – Medizin/Pharmakologie/NE-Metalle – Physik – Rationalisierung – Schall/Ultraschall – Schiff-
fahrt – Textiltechnik/Faserforschung/Wäschereiforschung – Turbinen – Verkehr – Wirtschaftswissenschaft.

WESTDEUTSCHER VERLAG · KÖLN UND OPLADEN
567 Opladen/Rhld., Ophovener Straße 1–3

If you have any concerns about our products,
you can contact us on
ProductSafety@springernature.com

In case Publisher is established outside the EU,
the EU authorized representative is:
**Springer Nature Customer Service Center GmbH
Europaplatz 3, 69115 Heidelberg, Germany**

Printed by Libri Plureos GmbH
in Hamburg, Germany